Die Verfestigung der Metalle durch mechanische Beanspruchung

Die bestehenden Hypothesen und ihre Diskussion

von

Professor Dr. H. W. Fraenkel
Privatdozent an der Universität Frankfurt a. M.

Mit 9 Textfiguren und 2 Tafeln

Berlin
Verlag von Julius Springer
1920

Alle Rechte, insbesondere das der Übersetzung in fremde Sprachen,
vorbehalten.

ISBN-13: 978-3-642-89691-0   e-ISBN-13: 978-3-642-91548-2
DOI: 10.1007/978-3-642-91548-2

Copyright 1920 by Julius Springer in Berlin.

Reprint of the original edition 1920

Vorwort.

Die vorliegende kleine Schrift entstand, als der Verfasser — wissenschaftlich metallographisch vorgebildet — in die Lage kam, sich in der praktischen Metallverarbeitungs- und Legierungstechnik zu betätigen. Dabei empfand er, daß gerade die Seite der Metallographie, die sich mit den Veränderungen der Eigenschaften durch mechanische Bearbeitung beschäftigt, bisher in zusammenfassender Darstellung entweder überhaupt nicht oder nur einseitig behandelt ist, so daß ein Einarbeiten in dieses Gebiet einige Schwierigkeiten machte. Bei näherem Studium fand sich, daß viel sich teilweise widersprechendes Material vorliegt und die ganze Frage noch im Stadium der Entwicklung sich befindet. — Es erschien aus zweierlei Gründen nicht unnötig, in möglichst knapper Form das Vorhandene zu sammeln und kritisch zusammenzustellen. Erstens dürfte damit ein Einarbeiten in dieses Gebiet eine wesentliche Erleichterung erfahren und dann möchte eine solche Darstellung dazu beitragen, Forscher und Techniker anzuregen, sich intensiver mit diesen Fragen zu beschäftigen, was um so wichtiger erscheint, als gerade jetzt eine möglichst eingehende Arbeit auf dem Gebiete der Metallverarbeitung und -veredlung für Deutschland dringende Forderung des Tages werden wird.

Es kam darauf an, die hauptsächlichsten vorliegenden Ansichten darzustellen, miteinander zu vergleichen und zu versuchen, sie auch gegeneinander auszugleichen; vor allem aber sollte das Problem durch möglichst enge Umgrenzung scharf herausgehoben werden. Deshalb macht die Schrift auch keinen Anspruch auf vollständige Zusammenstellung aller etwa hierher gehöriger Veröffentlichungen. Selbst die interessanten und wichtigen Forschungen über Ermüdung und ähnliches sind absichtlich nicht mit behandelt worden, um nicht zu tief in rein mechanische Fragen hineinzukommen.

Das Manuskript war bereits abgeschlossen, als der Verfasser mit Herrn J. Czochralski, dessen Forschungen sein besonderes Interesse erregt hatten, bekannt wurde. In eingehenden Diskussionen konnte manche Unklarheit behoben und die Schrift in einigen Punkten ergänzt werden. Der Verfasser dankt Herrn J. Czochralski herzlich für vielseitige Anregung. — Eine damals ebenfalls bereits im Manuskript abgeschlossene Schrift dieses Herrn ergänzt die vorliegende in überraschender Weise; sie soll in kurzer Zeit ebenfalls der Öffentlichkeit übergeben werden.

Frankfurt a. M., August 1919.

Inhaltsverzeichnis.

	Seite
Vorwort	III
Einleitung	1
Das Problem	3
Translations- und Verlagerungshypothese	4
Erhöhung der Festigkeit	5
Änderung der Dichte	16
Änderung der elektrischen Leitfähigkeit	17
Änderung der Löslichkeit	19
Die elektromotorische Kraft	20
Änderung des Energieinhalts	20
Rekristallisation	21
Kornverkleinerung	25
Die Erscheinungen beim Zink	26
Die Schmelzhypothese	28
Die Annahme amorpher Schichten	32
Die Modifikationshypothese	39
Andere Hypothesen	42
Verfestigung durch Warmrecken	43
Schluß	45

Einleitung.

Als die physikalische Chemie hauptsächlich in ihrer Lehre vom heterogenen Gleichgewicht die Metalle und ihre Schmelzen in den Kreis exakter wissenschaftlicher Behandlung zu ziehen lehrte, waren es zuerst die seit langem technisch gebrauchten und wichtigen, wissenschaftlich aber noch gänzlich unerforschten Legierungen, die die Aufmerksamkeit der Forscher auf sich zogen. Es ist kein Zufall, daß Roozeboom zuerst in dieser Weise das technische Eisen, das System Eisen-Kohlenstoff betrachtete. Während vorher auf diesem Gebiet so gut wie nichts Exaktes bekannt war, vermochten die Arbeiten der folgenden Jahre reiches Material über die Konstitution der Legierungen, also die Frage, ob in einem System zusammengeschmolzener und erstarrter Metalle einfache Mischungen der synthetisierenden Stoffe oder chemische Verbindungen oder Mischkrystalle vorliegen, zu liefern. Sehr viele Systeme aus zwei Komponenten und immerhin eine Anzahl solcher aus drei Komponenten haben eine mehr oder weniger befriedigende Aufklärung hinsichtlich ihrer Konstitution gefunden. Eine Anzahl Regelmäßigkeiten, aber eine recht bescheidene Ausbeute an allgemeinen Gesetzen ergab sich und namentlich die Hoffnung, für die Legierungstechnik sogleich besondere praktische Erfolge zu erzielen, erwies sich als verfrüht, wenn natürlich auch die neuen Anschauungen und Ergebnisse wohlverdientermaßen weiten und raschen Eingang in die Technik fanden, wo sie aber in erster Linie zu Prüfungszwecken benutzt werden. Erst später begann man sich auch mit dem Einstoffsystem, also dem reinen Metall bzw. der einheitlichen Legierung näher zu beschäftigen und hier die Änderungen der Eigenschaften in Abhängigkeit von anderen Parametern zu studieren. Dabei mußte man auch auf die technisch so ungemein wichtige Frage der Änderung der Eigenschaften eines Metalls mit bestimmten mechanischen Bearbeitungsweisen, wie sie in der Technik in ausgedehntestem Maße seit sehr langer Zeit angewandt werden, kommen, was namentlich in neuester Zeit von verschiedenen Seiten geschehen ist. Neben rein mechanischen Problemen liegen hier auch solche physikalisch-chemischer Art vor und ein reiches Tatsachenmaterial, das hauptsächlich der Materialprüfung entstammte, war bereits vorhanden. Die folgende Schrift macht es sich zur Aufgabe, einige Versuche, die Verfestigung der Metalle durch mechanische Bearbeitung und damit eng zusammenhängende Gebiete zu erklären, zusammenzustellen und zu diskutieren.

Das Problem.

Die Tatsache, daß man durch mechanische Bearbeitung die Metalle in ihren Eigenschaften verbessern kann, ist schon außerordentlich lange bekannt. Schon in den alten Sagen wird der Schmied gerühmt, der es besonders gut verstand, ein Schwert zu schmieden, aber bis auf den heutigen Tag ist die Frage, wieso die Metalle bei bestimmten Bearbeitungsverfahren ihre Eigenschaften verbessern, noch nicht endgültig gelöst, obwohl es an Bearbeitungen dieses Problems nicht gefehlt hat und namentlich in den letzten Jahren eine ganze Reihe von verschiedenen Theorien aufgestellt wurde. Wenn man den Begriff der Verbesserung der mechanischen Eigenschaften wenigstens nach einer Seite hin wissenschaftlich strenger fassen will, so möchte man von einer Erhöhung der Zerreißfestigkeit sprechen. Noch schärfer würde man zu sagen haben, es tritt bei der mechanischen Bearbeitung eine Erhöhung der »unteren Elastizitätsgrenze« auf. Bevor aber auf die Theorien eingegangen werden soll, ist klarzustellen, welche Tatsachen nun eigentlich unbestritten vorliegen. Mit diesen Tatsachen muß sich dann natürlich jede Theorie abfinden. Diese Tatsachen mögen in folgende sieben zusammengefaßt werden.

1. Erstarrte Metalle bestehen aus Kristallen.
2. Metalle lassen sich durch mechanische Kräfte deformieren.
3. Es ist möglich, durch mechanische Beanspruchung Metalle so in ihren mechanischen Eigenschaften zu verändern, daß ein als Verfestigung bezeichneter Zustand eintritt.
4. Nur eine zur bleibenden Deformation führende mechanische Bearbeitung vermag Verfestigung zu bewirken.
5. Verfestigte Metalle können durch Erwärmen wieder entfestigt werden, wobei eine sichtbare Gefügeveränderung eintritt.

6. Bei mechanischen Beanspruchungen, die zur Verfestigung führen, kann man auf polierten Flächen meist das Auftreten einer Streifung beobachten.
7. Die Dichte verfestigter Metalle ist geringer als die wieder entfestigter Metalle.

Die Bearbeitung des Problems ist in verschiedener Weise erfolgt. Eine Reihe Forscher, besonders Tammann, Moellendorff, Czochralski, Beily, Rosenhain, Johnston und Adams stellten bestimmte Hypothesen, die sich ihnen natürlich bei ihren Studien ergeben hatten, auf und suchten die Tatsachen damit in Einklang zu bringen; andere Forscher, wie hauptsächlich Heyn stellten vielmehr möglichst viele Tatsachen kritisch zusammen und verzichteten auf eine einheitliche Theorie. Beide Verfahren haben ihre Licht- und Schattenseiten. Während im ersteren Falle die Gefahr naheliegt, Tatsachen, die nicht in die Theorie passen, eine geringere Bedeutung beizulegen, verwirrt im zweiten Falle häufig das ungeheure Tatsachenmaterial, so daß derjenige, der sich eine Übersicht über diese Theorien verschaffen will, zunächst einmal lieber zu den Darstellungen der ersten Gruppe greifen wird, um sich allerdings dann an einer umfassenden Tatsachendarstellung erst sein Urteil zu bilden und zu befestigen. Es ist ein Verdienst der Internationalen Zeitschrift für Metallographie, gerade in den letzten Jahren den Darstellungen auf diesem Gebiete breiten Raum gewährt zu haben, nicht nur durch Arbeiten, die neues experimentelles Material zu der Frage beibrachten, sondern auch durch Artikel, in denen ältere bewährte Forscher ihre Ansichten in kurzer Zusammenfassung ihrer meist über lange Zeit sich ausdehnenden und an den verschiedensten Stellen publizierten Arbeiten aussprachen.

Translations- und Verlagerungshypothese.

Tammanns Hypothese. Wohl die erste geschlossene Darstellung einer Theorie der metallischen Verfestigung ist von G. Tammann in seinem »Lehrbuch der Metallographie« [1] gegeben worden, nachdem dieser Forscher mit einer großen Anzahl Schülern sich wäh-

---

[1] Leipzig-Hamburg bei L. Voss 1914, S. 54—136. Kurze Zusammenfassung: Zeitschr. f. Elektroch. 18 (1912), S. 584.

rend vieler Jahre Forschungen über Metalle und Legierungen hingegeben hatte. Erst als sich ihm, wie er im Vorwort hervorhebt, das Problem der metallischen Verfestigung klärte, schrieb er dieses Buch. Seine Theorie hat zur Grundlage, daß der kristalline Zustand ungestört oder wenigstens fast ungestört erhalten bleibt.

Erhöhung der Festigkeit. Wenn von mechanischer Bearbeitung gesprochen wird, so soll darunter immer eine Kaltbearbeitung verstanden werden, also ein Pressen, Schmieden, Walzen, Stauchen, Tordieren, Ziehen usw. bei Temperaturen, bei denen noch nicht die oben erwähnte Entfestigung eintritt. Das wird bei den meisten Metallen gewöhnliche Temperatur sein, für einige leicht schmelzbare Metalle, z. B. Blei und Zinn dürfte aber diese Temperatur schon eine zu hohe sein. Nach dem Vorgange von Heyn sei nun diese Kaltbearbeitung ein »Kaltrecken« genannt, um Verwechselungen mit schneidenden Bearbeitungen (Abdrehen, Schaben usw.) zu vermeiden. Das Kaltrecken soll also immer eine deformierende Bearbeitung darstellen, ganz gleichgültig, ob dabei mehr ziehende oder mehr pressende Kräfte auftreten. Die Tammannsche Theorie geht von einer Erscheinung aus, die sich zeigt, wenn man eine angeschliffene und polierte Metallprobe einer Beanspruchung, die gerade zur Deformation führt, unterwirft, nämlich dem mikroskopisch deutlich sichtbaren Auftreten von Liniensystemen, die in jedem Kristallkorn einander parallel, in den verschiedenen Kristallkörnern aber in verschiedenen Richtungen liegen. Tafel I, Fig. 1 und 2 zeigen zwei Lichtbilder in ungefähr 50facher Vergrößerung, Fig. 1 zeigt die Kristallkörner eines Gußstückes, Fig. 2 dasselbe Stück, nachdem es durch Pressung im Schraubstock eben gerade über die Elastizitätsgrenze beansprucht war. Das Material in diesem Falle ist Zinn. Tafel I, Fig. 3 zeigt die Erscheinung beim α-β Messing. Bei näherer Untersuchung zeigte sich, daß die Linien daher rühren, daß an der Oberfläche treppenartige Verwerfungen aufgetreten sind. Die Kristallelemente sind also gegeneinander verschoben worden. Diese Erscheinung an Kristallen ist nicht neu, sie wurde bereits von Reusch[1]) und Mügge[2]) beschrieben. Derartige Gleitungen

---

[1]) Poggend. Annalen 132 (1867), S. 441. 147 (1872) S. 307.
[2]) N. Jahrb. f. Mineralogie II (1895), S. 211.

können in zweifacher Weise auftreten; entweder können die Kristallelemente sich in einfacher Weise parallel gegeneinander verschieben, was man Translation nennt (siehe Fig. 1) oder es kann ein Umklappen der Schichten, eine sogenannte Zwillingsbildung (Fig. 2), eintreten. In beiden Fällen handele es sich um eine homogene Deformation, d. h. Punkte gleicher Abstände in parallelen Graden bleiben auch nach der Beanspruchung Punkte gleichen, wenn auch veränderten Abstandes. Der kristallinische Aufbau der Moleküle bleibt also erhalten, das Raumgitter wird nicht

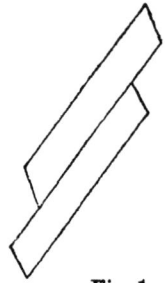

Fig. 1.   Fig. 2.

verändert[1]). Gerade durch diese Gleiterscheinungen wird nach Tammann bei eintretender Deformation eben eine Raumgitterstörung vermieden. Die Plastizität von Metallen ist geradezu an die Möglichkeit der Bildung von Gleitflächen gebunden und es müssen mindestens drei Systeme von Gleitflächen auftreten können, damit eine wirkliche Plastizität des Metalls vorhanden ist, daneben muß die Bruchfestigkeit eines von drei Gleitflächen begrenzten Kristallelements im Vergleich zu den die Gleitung hervorrufenden Kräften möglichst groß sein. Da nun auch wieder die Verfestigung an plastische Deformation gebunden ist, so ist also auch Verfestigung mit Gleitflächenbildung untrennbar vereint. Die Zahl der Gleitflächen ist natürlich sehr viel kleiner als die Zahl der Molekülschichten und je mehr Gleitflächen sich bilden können, desto plastischer ist das Material. Die Zahl der Gleitflächen ist bei gleicher wirkender Kraft eine Funktion der Temperatur, des hydrostatischen Druckes (durch

---

[1]) Bei seinen neuesten Forschungen über die Resistenzgrenzen in Mischkristallen (Nachr. der Gesellsch. d. Wissensch. Göttingen in den Jahren 1914—1918) modifiziert Tammann seine Ansicht dahin, daß durch Kaltbearbeitung eine allerdings nicht bedeutende Störung des Raumgitters eintritt. In einer zusammenfassenden Darstellung dieser Untersuchungen (Zeitschr. anorg. Chemie 107 (1919), S. 172, hält Tammann diese modifizierte Ansicht nicht ganz aufrecht, nimmt vielmehr an, daß eine Veränderung des Metallatoms eingetreten ist.

derartigen Druck kann man auch sonst spröde Stoffe plastisieren), auch von Beimengungen (Mischkristalle) und ebenfalls von der Geschwindigkeit der Beanspruchung. So kann ein Material gegen schnelle Beanspruchung spröde, d. h. nicht imstande sein, Gleitflächen auszubilden, während es gegen langsam wirkende Kräfte, wenn ihm Zeit gelassen wird zur Ausbildung der Gleitflächen, plastisch ist. Als ein solches Metall kann man z. B. das Zink ansprechen.

Schon gegen die Ansicht, es handele sich bei dem Kaltrecken um eine homogene Deformation, ist Widerspruch erhoben worden. Besonders Lehmann[1]) und mit ihm von Moellendorff und J. Czochralski[2]) sind der Ansicht, daß sehr wohl eine bedeutende Raumgitterstörung eintritt. Die Kristallelemente sollen sich nach diesen Forschern bei mechanischen Beanspruchungen in die Richtung kleinsten mechanischen Widerstands gleichlagern, was mit »erzwungener Homöotropie« bezeichnet wird. Lehmann folgert das aus der Beobachtung an gebogenen, durchsichtigen (also nicht metallischen) Kristallen, wo er konstatieren

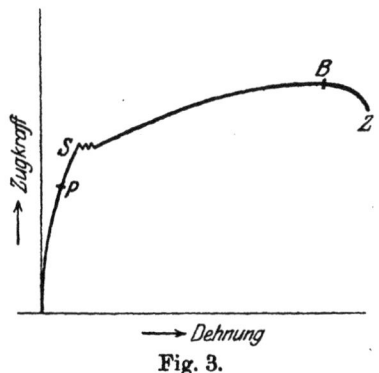

Fig. 3.

konnte, daß die optische Auslöschungsrichtung bei Untersuchung im polarisierten Licht sich ganz kontinuierlich von Punkt zu Punkt ändert, was natürlich nicht eintreten könnte, wenn die Verbiegung des Kristalls durch Gleitflächen entstanden wäre, dann müßte die Auslöschungsrichtung immer dieselbe bleiben oder sich diskontinuierlich ändern. Auf die Einwendungen besagter Forscher wird noch einzugehen sein, vorläufig aber soll die Tammannsche Theorie weiter verfolgt werden.

Zunächst sei einmal an Fig. 3 ein gewöhnliches Zerreißdiagramm diskutiert, wo als Abszisse die Dehnung, als Ordinate

---

[1]) An verschiedenen Stellen siehe auch intern. Zeitschr. f. Metallogr. VI (1914), S. 217.

[2]) An versch. Stellen, bes. Zeitschr. d. V. d. Ing. 1913, S. 931; intern. Zeitschr. f. Metallogr. VI (1914), S. 289.

die wirkende Kraft aufgetragen ist. Wie man sieht, steigt zunächst mit ziemlich stark steigender Zugwirkung die Dehnung nur ganz gering und zwar ist in diesem ersten Teil der Kurve die Dehnung der Zugkraft proportional bis p; die Dehnung ist zuerst eine elastische, d. h. mit Aufhören des Zuges geht die Dehnung auch wieder auf Null zurück, aber nur bis zur sog. Elastizitätsgrenze, die mit p, der Proportionalitätsgrenze nicht zusammenzufallen braucht, aber in der Regel in der Nähe, etwas höher als p, liegt. Das ändert sich jenseits des Punktes p, dann steigt die Dehnung etwas stärker mit dem Zug an. Bei Punkt S nimmt nun die Verlängerung bei konstantem Zug stark zu, später geht bei wieder schwach sich erhöhender Zugkraft die Dehnung sehr stark weiter, die Kurve erreicht bei B ein

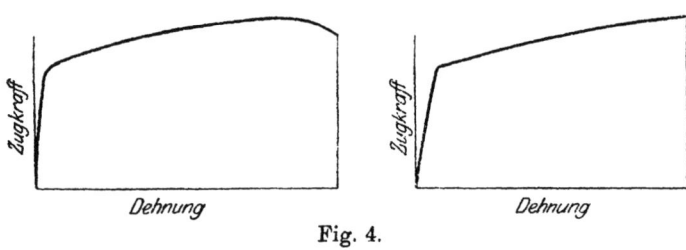

Fig. 4.

Maximum und bei Z tritt schließlich das Zerreißen ein. Inzwischen hat sich der Zerreißstab in der Mitte kontrahiert. Dieses Zerreißdiagramm, das gewöhnlich als Beispiel angeführt wird, entspricht einem Zerreißversuch bei Flußeisen. Da es sich hierbei um ein ziemlich kompliziertes System mit mehreren Gefügebestandteilen handelt, so ist gerade dieser Fall als Beispiel wenig geeignet. Viel geeigneter ist z. B. das Zerreißdiagramm des Kupfers, das alle besagten Erscheinungen ebenso zeigt, wie das in Fig. 3, ohne die eigentümliche Unregelmäßigkeit bei S zu haben, die wahrscheinlich auf den Perlitgehalt des Eisens zurückzuführen ist. Die Diagramme von Kupfer und Messing zeigt Fig. 4. Bei S treten die Gleitlinien auf, dort liegt also die von Tammann so genannte »untere Elastizitätsgrenze«, nachdem nach Tammann bei p Kristallitenverschiebung eingetreten war. Die »obere Elastizitätsgrenze« ist dann erreicht, wenn die Plastizität erschöpft ist und der Probestab fließt.

Tammann hat in einer Arbeit mit Faust[1]) die untere Elastizitätsgrenze auf andere Weise bestimmt. Die Forscher gingen von einem Würfel aus, dessen eine Seite geschliffen und poliert war und steigerten den Druck, den sie messen konnten, so lange, bis die ersten Gleitlinien auftraten. Das war dann die untere Elastizitätsgrenze. Wenn sie nun die Stelle von neuem abschliffen und polierten und den Druckversuch wiederholten, so mußten sie jetzt einen höheren Druck anwenden, bis wieder Gleitlinien erschienen und das ging weiter, bis das Stück ins Fließen geriet. Es war also nach jeder Druckwirkung (Druck oder Zug ist gleichwertig), eine Verfestigung eingetreten, neue Gleitlinien, die also ein Überschreiten der unteren Elastizitätsgrenze anzeigten, traten erst bei höherer Belastung ein. Die Erklärung Tammanns ist nun die folgende. Gehen wir von einem unverfestigten Metall aus, so treten die ersten Gleitflächen in den Kristallkörnern und in den Richtungen auf, die nach ihrer Lage zur Richtung der wirkenden Kraft dafür am geeignetsten liegen. Durch die Gleitflächen wird außerdem eine Kornverkleinerung herbeigeführt, die ja allerdings nach Tammanns Ansicht ohne Raumgitterzerstörung erfolgen muß. Greift nun die Kraft von neuem an und wird der Wert erreicht, bei dem vorher die Gleitflächen auftraten, so wird jetzt keine bleibende Verschiebung mehr erfolgen können, da ja eben die entsprechend gelegenen Kristallkörner in den entsprechenden Richtungen schon in neue Gleichgewichtslagen abgeglitten sind, es wird also einer stärkeren Kraftbeanspruchung bedürfen, um dann wieder in neuen Körnern oder in neuen Richtungen der alten Körner erneute Verschiebungen hervorbringen zu können. Außerdem wird auch durch die fortwährende Kornverkleinerung das Kraftfeld homogener. Wenn durch die Erzeugung von Gleitlinien eine Verfestigung auftritt, so ist klar, daß gleichzeitig eine Abnahme der Plastizität eintreten muß, da sich ja eben die verschiedenen möglichen Gleitflächensysteme bereits gebildet haben, die also dann nicht mehr zur Erzielung der Plastizität beitragen können. Fast allgemein kann man auch beobachten, daß mit steigender Verfestigung Verminderung der Dehnung eintritt. Man spricht direkt

---

[1]) Faust und Tammann, Zeitschr. f. phys. Chemie 75 (1910), S. 108, G. Tammann, Zeitschr. f. phys. Chemie 80 (1911), S. 687.

von hartgezogenen oder gewalzten Metallen, die man dann durch Anlassen wieder erweichen kann. Mangelnde Plastizität ist nun gleichbedeutend mit Sprödigkeit, infolgedessen können wir auch sagen, daß ein Metall, je fester es wird, auch desto spröder werden muß. Hier schon sei erwähnt, daß bei gewissen Metallen, z. B. Zink, eine Ausnahme von dieser allgemeinen Erscheinung wenigstens insofern vorliegt, als hier bei der mechanischen Bearbeitung neben sehr stark erhöhter Festigkeit auch stark erhöhte Dehnung sich einstellt. Allerdings wird beim Zink ein Warmrecken angewandt, aber diese Bearbeitung führt auch bei anderen Metallen unter gewissen Umständen zur Verfestigung. Es müssen also auch noch andere Ursachen für eine Verfestigung vorliegen können, worauf wir noch zu sprechen kommen werden.

Man kann nun zweierlei Arten von Gleiten nach Tammann unterscheiden, ein interkristallines, wobei eine Verschiebung der Kristallkörner gegeneinander, also ein Gleiten zwischen den Kristallkörnern, auftritt und ein intrakristallines, wobei sich die Gleitflächen mitten in den Kristallkörnern bilden. Tammann beobachtet, daß oft ein interkristallines Gleiten dem intrakristallinen vorangeht. Diese Feststellung darf aber nicht zu der Ansicht führen, daß in diesen Fällen der schließliche Bruch auch in den Kristallgrenzen erfolgt. Das ist nach der übereinstimmenden Ansicht der meisten Fachleute, die sich dabei auf ein großes Beobachtungsmaterial stützen, nur unter ganz bestimmten Bedingungen, nämlich wenn der Bruch in der Hitze erfolgt, der Fall. Bei gesundem Material erfolge der Bruch bei gewöhnlicher Temperatur stets intrakristallin, die Korngrenzen sind Stellen erhöhter, nicht geschwächter Festigkeit. Vielfache Beobachtungen des Verfassers an Rissen, die durch zu starke mechanische Beanspruchung, z. B. bei Kupfer oder Messing aufgetreten waren, zeigten, daß der Riß teils den Korngrenzen entlang, teils mitten durch den Kristall erfolgte (z. B. Tafel I, Fig. 4). Immerhin kann man vermuten, daß in diesen Fällen nicht ganz normale Verhältnisse vorgelegen haben, da das Material eine normale Behandlung nicht ausgehalten hat. Erzeugt man in ganz gesunden Proben etwa durch Kerbwirkung Risse, so kann man stets beobachten, daß diese durch den Kristall verlaufen.

Die Verlagerungshypothese. Eine ganz andere Auffassung von den Erscheinungen des Gleitens und der Verfestigung findet sich in der bereits zitierten Abhandlung von Moellendorff und Czochralski. Zunächst betonen diese Forscher mit Recht, worauf übrigens auch Ludwik, Tammann und andere hinweisen, daß die übliche Darstellung des Zerreißdiagrammes eine gänzlich unzweckmäßige ist, weil während des Zerreißvorganges bei allen plastischen Metallen eine Dehnung und eine mehr oder minder starke Kontraktion des Querschnitts eintritt, und man also die wirkende Kraft nicht auf den ursprünglich einmal, sondern immer auf den in dem betreffenden Augenblick vorliegenden Querschnitt beziehen muß, um ein Urteil über die Verfestigung zu gewinnen. Konstruiert man nach diesen Gesichtspunkten ein Diagramm, so bekommt es ein gänzlich anderes Aussehen, an dem hauptsächlich das charakteristisch ist, daß die Zugspannung nicht wie bei dem zuerst angeführten Diagramm von einem bestimmten Punkte an konstant bleibt oder nur wenig ansteigt, ev. sogar wieder abfällt, sondern in kontinuierlicher Kurve sehr stark bis zum Zerreißpunkt hinaufgeht. Ein solches Diagramm also

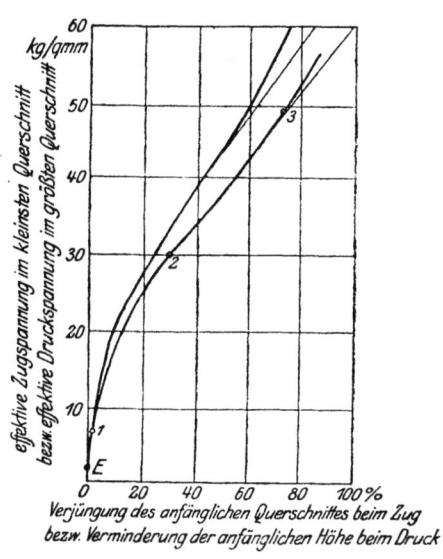

Fig. 5.

mit den Koordinaten kg pro qmm und Verjüngung des anfänglichen Querschnittes in Prozenten ist in Fig. 5 nach Moellendorff und Czochralski für Weichkupfer bei Zimmertemperatur gegeben. Diese Darstellung hat auch noch den Vorteil, daß Zug- und Stauchversuch vollständig zusammenfallen, woran man also die Gleichwertigkeit von Zug und Druck deutlich sieht. Es sei nur die untere Kurve für mäßige Reckgeschwindigkeit in Betracht gezogen. Hier ist E die untere Elastizitätsgrenze, Punkt 1 die Streckgrenze, Punkt 2 entspricht der Höchstlastgrenze beim gewöhnlichen Zugversuch, d. h. bei diesem Zugwerte liegt die Höchstlastgrenze, wenn man nur den anfänglichen Querschnitt in Betracht zieht. Punkt 2 erweist sich, wie man sehen wird, als identisch mit Tammanns oberer Elastizitätsgrenze. 3 ist schließlich die Bruchgrenze. Daß die Spannung noch über diese Grenze steigen kann, ist bei Druckversuchen möglich, indem durch das Fließen immer wieder neue Schichten in die Zone der höchsten Verfestigung geraten. Bei mäßiger Geschwindigkeit ist die Kurve zwischen 2 und 3 nahezu eine gerade Linie. Fig. 6 zeigt nun einige Zerreißkurven bei vorgerecktem Kupferdraht. Man sieht hier, wie mit zunehmender Vorreckung der Punkt 1, also die Streckgrenze, sich zu höheren Werten verschiebt, während der Punkt 2 konstant bleibt, wenn man nicht das Vorrecken so weit getrieben hat, daß etwa Punkt 1, die Streckgrenze, höher liegt als die Höchstlastgrenze, die man beim gewöhnlichen, auf den ursprünglichen Querschnitt bezogenen Zugversuche findet. In diesem Falle ist Punkt 2 übergangen und man kann ihn in die so konstruierte Kurve nicht eintragen. Auch hier zeigt sich, daß zwischen 2 und 3 die Kurve wenigstens annähernd geradlinig

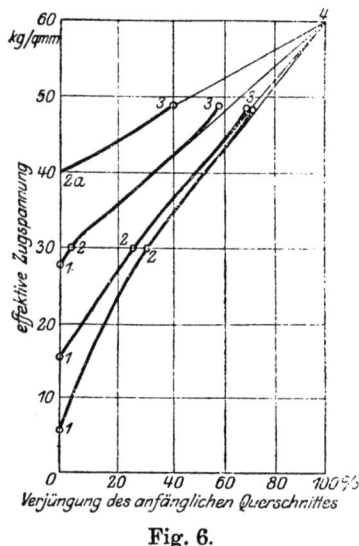

Fig. 6.

verläuft und daß, wenn man ohne den nur kurz vor 3 etwas abweichenden Verlauf zu berücksichtigen, den Hauptverlauf von 2 bis kurz vor 3, weiter extrapoliert, sich alle Kurven in einem und demselben Punkte 4 schneiden. Dieser Punkt 4 stellt dann die allerdings nie erreichbare, also nur virtuelle maximalste Verfestigung dar, wenn, wie man aus dem Diagramm sieht, die Verjüngung des anfänglichen Querschnittes 100% geworden ist. Nach Moellendorff und Czochralski ist die Ordinate des Punktes 4 doppelt so groß wie die von 2, was ein recht bemerkenswertes Ergebnis darstellt. Dieses Ergebnis scheint nun allgemein gültig zu sein. In Fig. 7 sind derartige Zerreißdiagramme von verschiedenen Metallen gegeben und überall sieht man, daß die Zugspannung des virtuellen Punkts 4 bei 100% Verjüngung doppelt so groß ist als dieselbe bei Punkt 2, der (nach Tammann) oberen Elastizitätsgrenze. Beim Zugversuch ist eine Verfestigung über die obere Elastizitätsgrenze nur möglich, wenn Reck- und Prüffluß[1]) zusammenfallen, wo dann eine weitere Verfestigung im Fließkegel eintreten kann. Das war nun bei Tammann nicht ganz der Fall, da er nach jedem Druckversuch die Fläche seines Würfels abschneiden mußte, so daß wenigstens für die Randzonen das Recken in etwas veränderter Richtung weiter ging. In diesem Falle mußte dann allerdings bei 2 eine neue, bleibende, wenn auch kleine Molekularverschiebung eintreten, bis bei 2a der geradlinige Kurvenast erreicht war und nun starkes Fließen auftrat. Nach Moellendorff und Czochralski ist bei Übereinstimmung von Reck- und Prüffluß eine weitere Verfestigung im Fließkegel selbst möglich bis Punkt 3 und bei Druckwirkung sogar noch weiter.

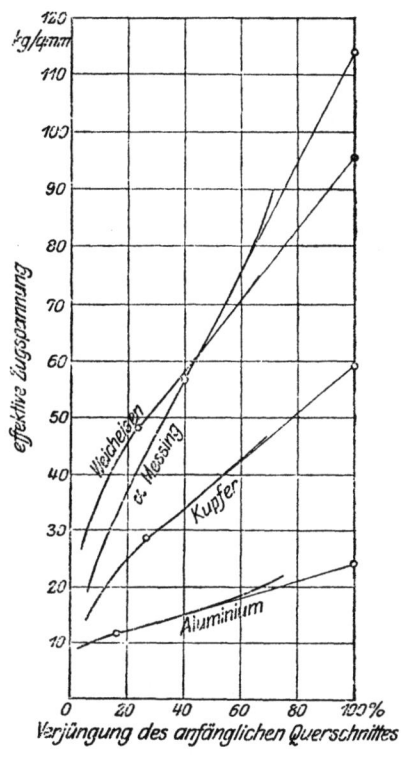

Fig. 7.

Eine Verfestigung im üblichen Sinne des Wortes, d. h. eine Vergrößerung des Widerstandes gegen vollständige Trennung der Moleküle, also gegen das Zerreißen, tritt durch Kaltreckung entsprechend diesen Forschungen überhaupt

---

[1]) Wenn man unter »Reckfluß« die mechanische Beanspruchung bei der Verfestigung und unter »Prüffluß« die Kraftwirkung bei der Messung, also z. B. bei Zerreißen versteht.

nicht auf. Das Kaltrecken erhöht die Streckgrenze und verändert das Material derart, daß es sich steigender Belastung immer mehr anpaßt. Das ist dann eine typische Eigenschaft der plastischen Kristalle, deren hervorragendste Vertreter die duktilen Metalle sind. Nur in diesem Sinne kann man von einer Verfestigung sprechen. Sie muß notwendig bei allen Prüfverfahren, die zum schließlichen Bruch führen, eintreten; denn ein solches Prüfverfahren ist eben auch ein Kaltrecken. Das normale weiche Metall streckt sich beim Zugversuch, und besonders bei der Fließkegelbildung tritt eine bisweilen außerordentlich beträchtliche Einschnürung, also Verkleinerung des Querschnitts ein. **Die Last, die im Augenblick des Reißens auf den dann vorhandenen Querschnitt wirkt, ist die höchste, die das Material aushalten kann, und keine mechanische Behandlung kann das Metall in dem Sinne veredeln, daß es höheren Belastungen standhält.** Beim Zusammenfallen von Reck- und Prüffluß zeigen sich diese Erscheinungen in einfachster und deutlichster Form. (Leider sind die Darstellungen Moellendorffs und Czochralskis recht schwer verständlich gehalten, und namentlich hätte der Begriff der Verfestigung schärfer definiert werden müssen).

Die Ansichten Tammanns einer- und Moellendorffs und Czochralskis andererseits stimmen hinsichtlich der Erhöhung der »unteren Elastizitätsgrenze« resp. »Streckgrenze« überein, es tritt aber eine Abweichung insofern ein, als Tammann nach Überschreiten der »oberen Elastizitätsgrenze« keine weitere Verfestigung mehr annimmt, die genannten Forscher aber eine solche bis zum Bruch zeigen, wenn man Verfestigung im eben definierten Sinne gebraucht.[1]

Über die Ursachen der Verfestigung bestehen allerdings weitgehende Differenzen. Die Deutungen Tammanns bekämpfen die beiden Forscher. Ganz offenbar sehen sie in der zur »erzwungenen Homöotropie« (siehe S. 7) führenden Raumgitterstörung, die sie als »Verlagerung« bezeichnen, den Grund der Verfestigung. Wieso diese aber zu einer Verfestigung führen kann, ist aus den beiden vorliegenden Arbeiten nicht ohne weiteres zu ersehen.

---

[1] Wie es in dieser Schrift stets geschehen soll.

Die Darstellung einer dahingehenden Theorie J. Czochralskis lag mir durch die Freundlichkeit des Verfassers im Manuskript vor, doch will ich vor Veröffentlichung darauf nicht eingehen.

Was nun die auftretenden Gleit- und Fließlinien betrifft, so sind Moellendorff und Czochralski der Ansicht, daß es davon vier bis fünf ganz verschiedene Arten gibt, von denen sie kurz zusammengefaßt folgendes sagen. Die ersten Linien treten bei Punkt E auf, sie werden als Kehrlinien bezeichnet, sind von der Kristallstruktur abhängig und stellen eine Drehung der Moleküle in ebenen Verbänden dar. Diese Drehung soll kontinuierlich erfolgen, also nicht ein Einschnappen in eine neue symmetrische Gleichgewichtslage darstellen, sondern durch beliebige Zwischenlagen durchgehen und eine Raumgitterstörung hervorrufen, so daß ursprünglich gerade Linien wellenförmig verzerrt werden. Bei spröden Metallen tritt hier bereits Bruch ein und die Spaltflächen derartig spröder Metalle sind vielleicht mit den Ebenen, die durch diese Linien gehen, identisch. Bei Punkt 1, der Streckgrenze, treten dann neue Gleitlinien auf, die ebenfalls noch von der Kristallstruktur abhängig sind, aber auch hier noch mit kontinuierlichem Übergang von einer Gleichgewichtslage in die andere übergehen. Für diese Linien wird die Bezeichnung Gleitlinien beibehalten. Im Punkt 2, der Höchstlastgrenze im Zugversuch, treten dann wieder andere Linien auf, die aber im Gegensatz zu den bisherigen nicht mehr von der Kristallstruktur abhängig sind, sondern vom Kraftfelde, die also sich nicht mehr um die Kristallkörner kümmern, sondern banal, wie sie es ausdrücken, verlaufen. Sie charakterisieren das Eintreten eines wirklichen Fließens. Im Punkt 3, der Bruchspannung, ist dann im kleinsten Querschnitt eine völlige homöotrope Molekularverlagerung eingetreten. Wie man sieht, ist also auch nach Moellendorff und Czochralski 2 ein wichtiger Punkt und für die Kenntnis des betreffenden Materials sehr charakteristisch, indem unterhalb von 2 die Gleitlinien kristallinisch orientiert sind und die Kurve der Abhängigkeit zwischen Last und Querschnitt eine beträchtliche Abweichung vom geradlinigen Verlauf zeigt. Oberhalb des Punktes 2 ist der Verlauf der Linien nur von der Kraftrichtung bestimmt, also banal, die Kurve verläuft geradlinig, die Kristallinität ist erschöpft und Fließkegelbildung tritt ein. Mit den Tammannschen Gleitlinien sind nur die

Linien erster und zweiter Art vergleichbar, da Tammann banal verlaufende Gleitlinien überhaupt nicht in den Kreis seiner Betrachtungen aufnimmt. Der Hauptunterschied beider Ansichten läßt sich dahin präzisieren, daß nach Tammann die Entstehung der Gleitlinien das Kristallgitter möglichst zu erhalten sucht, nach Moellendorff und Czochralski gerade dadurch weitgehende Störungen im Raumgitter bis zur völligen Homöotropie eintreten. Auf die Unterscheidung der zwei Arten kristallographisch orientierter Gleitlinien möchte weniger Wert gelegt werden, da diese Verhältnisse noch nicht als genügend geklärt gelten dürfen (siehe auch die späteren Bemerkungen über dislozierte Reflexion). Über die von Tammann behauptete Kornverkleinerung durch Gleitflächenbildung, die ebenfalls von Moellendorff und Czochralski geleugnet wird, soll weiter unten gesprochen werden.

Änderung der Dichte. Fortfahrend in der Tammannschen Theorie ist jetzt die an sich ja sehr merkwürdige und gänzlich unerwartete Abnahme der Dichte bei beanspruchten Metallen zu besprechen. Tammanns Erklärungsweise für diese Tatsache ist die folgende. Er nimmt an, daß zunächst einmal beim Guß sich zwischen den Kristalliten kleine Hohlräume bilden müssen, da ja die Metalle mit wenigen Ausnahmen unter Volumenabnahme kristallisieren. Diese kleinen Hohlräume würden sich schon bei ganz schwacher mechanischer Bearbeitung schließen, bei stärkerer würden sich aber dann wieder neue Lücken und bei Zwillingsbildung sogar hohle Kanäle bilden müssen. Er beruft sich dabei auf eine Beobachtung G. Roses[1]), der an Kalkspatrhomboëdern bei Beanspruchung eine Trübung durch Auftreten hohler Kanäle beobachtete. Bei Translationen können sich natürlich nur sehr winzige Lücken bilden, die Dichteabnahme müßte hier gering sein. Wo dagegen Zwillingsbildung auftritt, wird die Dichteabnahme infolge der Bildung der hohlen Kanäle größer sein. Das stimme auch mit den Beobachtungen insofern überein, als beim Eisen, wo nach Mügge die Zwillingsbildung sehr stark ist, abnorm hohe Dichteänderungen, dagegen nur geringe bei Kupfer, Silber und Gold, wo nur Translation stattfindet, auftreten.

---

[1]) Abh. der Kgl. Akad. der Wissensch. Berlin 1868, S. 57.

von elektrolytisch ausgeschiedenem Kupfer eine stärkere Widerstandszunahme auftrat, als wenn man von einer gewalzten Platte ausgegangen war. Die Änderungen verhielten sich wie 4% zu 2%. Offenbar bewirkt die elektrolytische Ausscheidung eine weitgehende Orientierung der Kristalle, die in der Richtung der besten Leitfähigkeit von der Kathode in die Lösung wachsen werden. Es ist also zu erwarten, daß eine aus so weitgehend orientierten Kristallen aufgebaute Platte sich anders verhalten wird, als eine gewalzte, wo nur eine mindere Orientierung eingetreten ist, wobei natürlich und wohl mit Grund angenommen wird, daß durch Erhitzen in jedem Falle eine völlig regellose Orientierung der Kristalle bewirkt wird. Interessant ist dann noch die Beobachtung Credners[1]), daß bei elektrolytisch abgeschiedenem Kupfer die untere Elastizitätsgrenze nach der Methode von Faust und Tammann[2]) bestimmt sehr viel höher liegt bei 530[3])—380[4]) kg/cm², während bei Gußkupfer für dieselbe Größe nur etwa 200 kg/cm² beobachtet wurde. Das elektrolytisch ausgeschiedene Kupfer verhält sich gewissermaßen wie mechanisch beanspruchtes Metall. Die Gleitflächen auf einem solchen Kupferwürfel bildeten entsprechend der Transkristallisation je nach der Richtung des Drucks in Beziehung zur Kathode Winkel von 70° (Druck senkrecht zur Kathode), also in der Wachstumsrichtung der Körner und weniger als 45° (Druck parallel zur Kathode). Daß elektrolytisch niedergeschlagene Metallschichten Spannungen zeigen, erhellt schon dadurch, daß sich solche Schichten, wenn sie sich von der Unterlage lösen, stark krümmen. In einer ausführlichen Untersuchung konnte neuerdings Kohlschütter und Vuilleumier[5]) diese Spannungen durch eine sinnreiche Versuchsanordnung bei Nickelniederschlägen sichtbar machen.

Änderung der Löslichkeit. Das Kaltrecken beeinflußt auch die Lösungserscheinungen der Metalle. Die Lösungsgeschwindigkeit kann mit der Bearbeitung, wie man beobachtet hat[6]),

---

[1]) l. c.
[2]) l. c.
[3]) Bei Beanspruchung parallel zur Kathode.
[4]) Bei Beanspruchung senkrecht zur Kathode.
[5]) Zeitschr. f. Elektroch. 24 (1918), S. 300.
[6] Siehe Heyn, Materialienkunde für den Maschinenbau IIa, S. 303.

steigen oder fallen. Beim Kupfer, Aluminium und Blei wird sie geringer, größer beim Eisen z. B. (wohlbemerkt ist hier von Geschwindigkeiten und nicht von Gleichgewichten die Rede, man kann also aus thermodynamischen Gründen von vornherein nichts über die Geschwindigkeit aussagen, selbst wenn man das beanspruchte Metall als instabil dem ausgeglühten gegenüber betrachtet).

Die elektromotorische Kraft. Wo es sich um Gleichgewichtsfragen handelt, müßte bei beanspruchten Metallen die Änderung immer nach derselben Seite liegen. Man sollte also annehmen, daß die elektromotorische Kraft aller beanspruchter Metalle gegenüber den angelassenen immer eine derartige ist, daß das beanspruchte Metall Anode ist. Das ist auch von Spring[1]) und Tammann[2]) nachgewiesen worden.

Änderung des Energieinhalts. Der Energieinhalt eines verfestigten Metalls muß größer sein als der des angelassenen, da zur Bildung einer Gleitfläche Arbeit aufgewendet werden muß. Diese Arbeit ist von Schottky[3]) durch Schrumpfungsversuche von Silberlamellen verschiedener Dicke gemessen worden, er fand in seiner Untersuchung, auf die wir an anderer Stelle noch zu sprechen kommen werden, daß der Energieinhalt eines ccm Silbers in Form von Blattsilber bei 300° um 4% größer ist als der eines gewöhnlichen Silberstückes. Bei der Erzeugung von Gleitflächen wird auch Wärme erzeugt. Die Deformationsarbeit in Kal. minus der kalorisch gemessenen Wärmemenge muß also die Energie der Gleitflächenbildung in Kal. sein. Es liegen darüber Messungen von Hort[4]) vor. Die Gleitflächenenergie ergab sich zu 5 bis 15% der aufgewendeten mechanischen Arbeit. Hier handelt es sich nach Tammann nicht, wie Hort annimmt, um die Umwandlungswärme in eine andere Modifikation (die Untersuchung wurde an Eisen angestellt), da die Energie direkt proportional der Verfestigung, der Erhöhung der Elastizitätsgrenze ist. Wenn man annimmt, daß die latente Gleitflächenwärme ebenso wie jede andere latente

---

[1]) Bull. de l'Acad. Belg. (1903), S. 1074.
[2]) Zeitschr. f. anorg. Chemie 107 (1919), S. 173.
[3]) Nachrichten der K. Akad. d. Wissensch. Göttingen 1912, S. 480.
[4]) Mitteilungen über Forschungsarbeiten (Ver. d. Ing.) Heft 41 (1907).

Die meisten anderen Forscher bestreiten die Möglichkeit einer Bildung wirklicher Lücken zwischen den Kristallkörnern schon aus dem Grunde, weil eben die Korngrenzen Stellen erhöhter, nicht verminderter Festigkeit sind. Andere Erklärungen der Dichteveränderung werden später zu besprechen sein.

Was die Zwillingsbildung betrifft, so ist bei reinem α-Eisen eine solche wohl überhaupt noch nicht mit Sicherheit nachgewiesen worden[1]), wogegen sie bei Kupfer eine häufige Erscheinung darstellt. (Siehe Tafel I, Fig. 5, die Mikrophotographie eines kaltgestauchten Kupferstücks mit deutlicher Zwillingsstreifung. Die Zwillingsbildung tritt überhaupt sehr häufig erst beim Erhitzen nach erfolgter Kaltreckung oder beim Warmrecken auf.)

Änderung der elektrischen Leitfähigkeit. Eine andere Eigenschaft, die sich bei der mechanischen Beanspruchung der Metalle verändert, ist die elektrische Leitfähigkeit. Die Untersuchungen sind naturgemäß hauptsächlich an gezogenen Drähten[2]), aber auch an gewalzten Platten[3]), (mittels Induktionsströmen), ausgeführt worden. Stets geht nach dem Erhitzen des mechanisch beanspruchten Materials der in der Kälte gemessene Widerstand zurück. Die Leitfähigkeit des hartgezogenen Drahtes oder der hart gewalzten Platte ist also kleiner als die des durch Erhitzen entfestigten Metalles. Die Messung erfolgt nach dem Abkühlen. Der Widerstand erhöht sich wieder, wenn man mit dem Erhitzen über eine bestimmte Temperatur, die bei den verschiedenen Metallen verschieden hoch liegt, gegangen ist. Der Minimalwiderstand der stets kalt gemessenen Metalle liegt nach Credner[4]) bei Cu, Ag und Au bei etwa 450°, bei Fe bei

---

[1]) Die Neumannschen Linien im Meteoreisen stellen allerdings wohl Zwillingslamellen dar. Osmond und Cartaud (Metallurgie 3 [1906], S. 522) nehmen es auf Grund sorgfältiger Untersuchungen an, auch Tammann und Fraenkel (Zeitschr. f. anorg. Chem. 60 [1908], S. 416) schließen es aus der Beobachtung, daß dieselben Linien, die beim Ätzen sich entwickeln, auch bei der Beanspruchung über die Elastizitätsgrenze erscheinen. Es handelt sich aber hier nicht um reines Eisen, sondern einen ziemlich stark nickelhaltigen Mischkristall.

[2]) Gewecke, Dissert. Darmstadt 1909, Addicts Am. Inst. of elek. Eng., New-York 20. Nov. 1903, Cohn, Wied. Annalen 41 (1890), S. 71.

[3]) Bergmann, Wied. Annalen 36 (1889), S. 783.

[4]) Credner, Zeitschr. f. Phys. Chemie 82 (1913), S. 457.

etwa 600°. Auch der Temperaturkoeffizient der elektrischen Leitfähigkeit ist bei harten und weichen Drähten verschieden, und zwar kleiner bei gezogenen Drähten. Gegen die Annahme, daß es sich hier um eine neue, durch Druck erzeugte Modifikation handelt, spricht nach Tammann die Tatsache, daß zwar durch hydrostatischen Druck ebenfalls Leitfähigkeitsänderungen auftreten, die aber nur vorübergehend sind und mit dem Aufhören des Druckes verschwinden, während es sich hier bei Beanspruchungen über die Elastizitätsgrenze um bleibende Änderungen handelt. Träte also beim Hartziehen des Drahtes eine andere Modifikation auf, so wäre nicht einzusehen, warum diese mit Aufhören des Druckes nicht wieder verschwinden sollte. Ferner wurde beobachtet, daß nur die Widerstandsänderungen, die beim Ziehen auftraten, beim Erhitzen wieder zurückgehen, nicht solche, die beim Biegen oder Tordieren sich einstellen. Da diese von Credner als durch Lückenbildung entstanden nachgewiesen wurden, eine Ursache, die auch die Widerstandszunahme bei Erhitzen über die Temperatur minimalen Widerstandes durch dabei eintretende Rekristallisation bewirkt, so interessiert uns dieser Fall hier nicht.

Tammann erklärt nun entsprechend seiner Theorie die Erscheinung in folgender Weise: Beim Ziehen oder Walzen tritt mit dem Kornzerfall eine teilweise, mehr oder minder weitgehende Orientierung der Kristalle derart ein, daß die Kristalle sich in die Richtung leichtester mechanischer Verschiebbarkeit in die Längsrichtung des Drahtes einordnen. Nun ist die elektrische Leitfähigkeit bei Kristallen auch eine vektorielle Eigenschaft, wie aus den Versuchen von Matteucci[1]) an Wismut- und von Bachström[2]) an Eisenglanzkristallen hervorgeht. Die Richtung leichtester mechanischer Verschiebbarkeit wird mit der Richtung bester Leitfähigkeit nicht zusammenfallen und so der Widerstand eines ausgeglühten Drahtes, wo die Kristallanordnung eine völlig regellose ist, ein anderer sein, als im beanspruchten Material, wo die Kristalle teilweise orientiert sind. Eine sehr bemerkenswerte Bestätigung gibt eine Beobachtung von Bergmann[3]), der fand, daß beim Erhitzen einer Platte

---

[1]) Ann. chem. phys. (3) 43 (1855), S. 467.
[2]) Akad. Forsch. 8 (1888), S. 533.
[3]) l. c.

Wärme mit abnehmender Temperatur abnimmt, so muß die spezifische Wärme eines deformierten Metalles größer sein, als die eines nicht deformierten Metalles. Die zu erwartenden Unterschiede sind aber sehr klein und liegen innerhalb der Versuchsfehler, die bei diesen Messungen schwer klein zu halten sind. Experimentell sind infolgedessen bei den Messungen von Chappel[1]), Levin und Schottky[2]) keine deutlichen Unterschiede festgestellt worden.

Rekristallisation. Allgemein ist man sich darüber einig, daß der Zustand eines verfestigten Metalls ein Zwangszustand ist, der dem gewöhnlichen gegenüber instabil sein muß. Wenn eine Umwandlung in den stabileren Zustand bei gewöhnlicher Temperatur nicht einzutreten pflegt, so liegt das an der bei dieser Temperatur noch zu geringen Reaktionsgeschwindigkeit. Beispiele von derartiger Reaktionsträgheit sind auf allen Gebieten und besonders in der Geologie allgemein bekannt. Erhöht man nun die Temperatur, so wird die Reaktionsgeschwindigkeit vergrößert, das Material geht in seinen ursprünglichen Zustand zurück, die Verfestigung ist wieder aufgehoben. Es scheint nun äußerst plausibel, daß, wenn man die mechanische Beanspruchung bei höheren Temperaturen und zwar bei solchen, bei denen eine Entfestigung eintritt, ausführt, man überhaupt keine Verfestigung bekommen kann. Das wird auch allgemein angenommen, wenn auch die Erfahrungen beim Zink auch hier auf z. T. anderes Verhalten des Zinks hinzuweisen scheinen.

Da Tammann die Verfestigung in der Ausbildung von Gleitflächen und in der dadurch bewirkten Kornverkleinerung sieht, so muß er annehmen, daß durch Erhitzen sowohl die Gleitflächen wieder verschwinden, als auch die Körner sich wieder vergrößern. Nach Tammann sind beide Erscheinungen getrennt zu betrachten, denn es laufen zwei Vorgänge neben- und hintereinander, nämlich ein Zusammenkleben der Gleitflächen, das experimentell schwer, und eine grobe Rekristallisation, die experimentell sehr leicht zu beobachten ist. Tammann suchte dem ersten Problem in einer Untersuchung mit Schottky[3]) beizukommen. Er bringt sie mit der Wirkung der

---

[1]) Chappel u. Levin, Ferrum 10 (1913), S. 271.
[2]) Levin u. Schottky, Ferrum 10 (1913), S. 193.
[3]) l. c.

Oberflächenspannung[1]) zusammen und studiert die Schrumpfungserscheinungen an dünnen Metall-Lamellen. Eine dünne Lamelle zeigt je nach Material bei der Erhitzung auf bestimmte Temperatur weit unterhalb des Schmelzpunktes eine Schrumpfung. An diesem Punkte muß nach Tammann die Festigkeit der Lamelle gleich der doppelten Oberflächenspannung sein, also die Gleichung gelten $2\alpha = F$. Sie ist richtig, wenn die Lamelle eben nur zwei Oberflächen hat. Je dicker die Lamelle ist, desto später tritt die Schrumpfung ein, und zwar ist die Schrumpfungstemperatur der Dicke proportional. Bei isotropen Stoffen hätte man so eine Methode zur Messung der Oberflächenspannung. Bei anisotropen Stoffen kommen aber zu den freien Oberflächen noch die Gleitflächen hinzu. Schottky konnte zeigen, daß die Schrumpfungstemperatur mit der Dicke der Lamelle außerordentlich ansteigt. Man hat also nicht mehr die Gleichung $2\alpha = F$, sondern $2n\alpha_1 + 2\alpha = F$ (n die Zahl der Gleitflächen, die man nur schätzen kann), wo α_1 wahrscheinlich kleiner ist als α. Die Bestimmung ergab, daß dem in der Tat so ist, daß aber α_1 nicht viel kleiner als α ist. Es ist gezeigt worden, daß sich nicht alle Gleitflächen auf einmal bilden, sondern daß es verschiedene Systeme gibt, die je nach der Stärke der wirkenden Kräfte nacheinander auftreten. Es ist also auch plausibel, daß die verschiedenen Gleitlamellen eine verschiedene Festigkeit und also auch eine verschiedene Schrumpfungstemperatur haben werden. Bei einer bestimmten Temperatur verschwindet also nur ein Teil der Gleitflächen (wenn man die Temperatur nicht zu hoch wählt) und nur die diesen verschwundenen Gleitflächen entsprechende Verfestigung wird zurückgehen. Beim Erhitzen auf eine bestimmte relativ niedrige Temperatur wird also nicht die ganze Verfestigung, sondern nur ein Teil aufgehoben werden. Das ist ein wichtiger Punkt, auf den noch zurückgekommen werden wird. Damit hängt auch zusammen, daß, je stärker ein Metall verfestigt ist, bei desto tieferen Temperaturen der Beginn einer Entfestigung eintreten muß. Das ist eine Tatsache, die vielfach auch wirklich beobachtet worden ist. Heyn bestätigt sie und Ludwik[2]) beweist sie in einer sehr interessanten experi-

---

[1]) Dagegen siehe Lehmann, Annalen der Physik, IV. Folge, Bd. 50 (1916), S. 562.

[2]) Intern. Zeitschr. f. Metallogr. VIII, S. 53. Daß auch die Rekristalli-

mentellen Untersuchung. Er tordiert in einer Maschine, wo er auch die zur Torsion gebrauchte Kraft messen kann, Stäbe von Cu, Al, Zn, Sn und Pb. Diese Torsion wirkt, wie man an seinen Diagrammen sehen kann, verfestigend. Wenn er nun nach verschieden starken Torsionen die Verfestigung unterbricht und den Stab einer Wärmebehandlung bei bestimmter Temperatur unterzieht, kann er konstatieren, daß je stärker der Stab tordiert war, bei desto tieferer Temperatur er eine beginnende Entfestigung zeigt. An Zinkdrähten konnte ich ebenfalls feststellen, daß der Rückgang der Biegefähigkeit beim Erhitzen um so größer ist, je stärker das Material vorher verfestigt war. Tammann betrachtet also die Entfestigung als ein Verschwinden innerer Oberflächen, das nun nicht bei den Gleitflächen Halt macht, sondern bei entsprechender Temperatur auch die Kornoberflächen angreift. So kommt er aus solchen Betrachtungen über Festigkeits- einerseits und Oberflächenkräften andererseits schließlich zu dem sehr erstaunlichen Resultat, daß es für jede Temperatur ein Gleichgewicht der Korngröße gibt.

Diese Annahme steht zunächst einmal im Widerspruch zu der von Gürtler[1]), nach dem es in einem Aggregat von Kristallen überhaupt erst dann zu einem Gleichgewicht kommen kann, wenn die ganze Masse ein einziger Kristall geworden ist. Die experimentellen Ergebnisse scheinen der Tammannschen Ansicht insofern recht zu geben, als das Kristallwachstum, wenn man bestimmte Temperaturen konstant hält, in der Tat nach einiger Zeit aufhört. Ob es sich aber hier um Geschwindigkeits- oder wirkliche Gleichgewichtsfragen handelt, bleibt noch dahingestellt.

Sehr wichtige Beiträge zur Theorie der Rekristallisation bietet eine Arbeit von Czochralski[2]) über Zinn. Zunächst einmal beobachtet er, daß ein Gußgefüge überhaupt keine Rekristallisation zeigt. (Im Gegensatz dazu beobachten Faust und Tammann, Zeitschrift für physikalische Chemie 75 [1911] 113, daß bei Ni bei längerem Erhitzen auf 1300° die Kristalle sich vergrößern. Da aber bei Nickel bei 320° eine Umwandlung ein-

---

sationstemperatur mit steigender Deformation fällt, zeigt Czochralski in der unten zitierten Abhandlung.

[1]) Z. B. Metallographie, Bd. I, S. 164.
[2]) Intern. Zeitschr. f. Metallogr. VIII (1916), S. 1. Metall u. Erz XIII N. F. IV), (1916), S. 381. Stahl und Eisen 36 (1916), S. 863.

tritt, so haben wir hier keinen reinen beweiskräftigen Fall.) Eine Rekristallisation kann nach ihm eben nur auftreten, wenn eine »Verlagerung«,[1]) also eine Störung des Raumgitters, vorangegangen ist. Eigene Versuche an Zink sprechen für die Ansicht Czochralskis, auch hier konnte trotz Erhitzung bis fast an den Schmelzpunkt, wo bei verlagertem Material sich große Kristalle bilden, keine deutliche Vergröberung der Struktur festgestellt werden. Er konnte auch beobachten, daß es Fälle gibt, wo kleine Kristalle neben großen nicht nur haltbar bleiben, sondern sich, selbst beim Rekristallisieren, direkt bilden können. Das wird bestätigt durch viele Beobachtungen, unter anderem von Schwarz[2]) an Kupfer, der zeigen konnte, daß, wenn man einen großen Kristall anritzt und ihn dann erhitzt, um den Riß sich eine große Zahl kleiner Kristalle bildet, die erst allmählich bei weiterem Erhitzen vom großen Kristall aufgezehrt werden. Die interessanteste Beobachtung von Czochralski (die dann von Deutsch einer rechnerischen Auswertung unterzogen wurde) ist die folgende, die in Tafel I, Fig. 6 in ihren verschiedenen Stadien dargestellt wurde: er beanspruchte eine Zinnplatte mechanisch soweit, daß das Kristallgefüge verschwunden war und ließ sie darauf an, es traten jetzt sehr viele kleine Kriställchen auf (Fig. a); nun beanspruchte er diese Platte in zunehmender, aber doch nur geringer Weise, indem er sie um immer kleiner werdende Radien bog. Nach jeder Biegung folgte wiederum ein Anlassen und nun zeigte es sich, daß in der Platte sich mehr und mehr beträchtlich große Kristalle ausbildeten und Deutsch konnte berechnen, daß in Bestätigung der Theorie von Czochralski diese großen Kristalle überall da aufgetreten waren, wo eine bleibende, wenn auch schwache Deformation stattgefunden hatte. Bei allen Regionen reiner nur elastischer Dehnung dagegen waren die ursprünglich kleinen Kristalle nicht gewachsen (Fig. b, c, d). Diese Beobachtung scheint mir von großer Bedeutung zu sein, indem sie die Bedingungen enthüllt, unter denen sich oft beobachtete große Kristalle bilden können, nämlich beim Anlassen nach schwachen Beanspruchungen. Die Empfindlichkeit der Struktur gegen schwache mechanische Beanspruchungen

---

[1]) Siehe Seite 14.
[2]) Intern. Zeitschr. f. Metallogr. VII (1915), S. 124.

läßt auch die übliche Methode der Vorbereitung der Schliffe durch Behandeln mit Schmirgel und Poliermitteln bedenklich erscheinen. Die Zinnproben wurden deshalb nur gegen eine ebene Fläche gegossen und dann stark geätzt, ein Verfahren, das aber eben nur bei leicht schmelzbaren Metallen und für schwache Vergrößerungen anwendbar ist. Ganz ähnliche Beobachtungen an Eisen machte C. Chappel[1]). Er zeigte auch, daß die regelmäßigen Erscheinungen, die beim Rekristallisieren nach mechanischer Beanspruchung auftreten, sofort gestört werden, wenn beim Erhitzen ein Umwandlungspunkt passiert wird. Die Deutung seiner Versuchsergebnisse hinsichtlich des Wesens der Rekristallisation ist allerdings bisweilen von der von Czochralski abweichend. Die von Czochralski zuerst vertretene Ansicht, daß bei der Rekristallisation eine vollständig von der früheren unabhängige Kristallbildung eintritt, wird auch in einer neuen Publikation von Tammann (Nachr. der Gesellsch. d. Wissensch. Göttingen 1918) vertreten.

Kornverkleinerung. Ein bereits flüchtig besprochener Punkt soll hier noch einmal erwähnt und etwas genauer ausgeführt werden. Es handelt sich um die von Tammann behauptete Kornverkleinerung beim Kaltrecken. Besonders Moellendorff und Czochralski[2]) leugnen eine solche sehr entschieden. Nach ihnen tritt bei der Verfestigung eine Raumgitterstörung, von ihnen Verlagerung genannt, ein und es ergibt sich ein in gewisser Analogie zu Lehmanns Beobachtungen über flüssige Kristalle stehender und deshalb auch bei den Metallen als erzwungene Homöotropie bezeichneter Zustand, in dem die Kristallelemente kristallographisch in die Zugrichtung gleichgelagert werden, derart, daß sie sich in die Richtung kleinsten mechanischen Widerstandes stellen. (Es tritt dabei keine derartige Kristallzerstörung ein, daß ein dem amorphen Zustande gleicher erzeugt wird, die einzelnen kleinen Elemente behalten immer noch ihre Kristalleigenschaften, nämlich die vektoriellen.) Das schließen sie aus dem metallographischen Verhalten stark »verlagerter« Metalle, bei dem nach Ätzung die ursprünglichen Korngrenzen, wenn auch verzerrt, so doch noch deutlich er-

---

[1]) Ferrum 13 (1915), S. 6.
[2]) l. c. Intern. Zeitschr. f. Metallogr. 6 (1914), S. 289.

halten sind, während sich das Innere der Körner ziemlich gleichmäßig angeätzt hat. Wäre die Tammannsche Ansicht, daß eine Raumgitterstörung nicht eingetreten wäre, richtig, so dürfte die verschiedene Helligkeit der einzelnen Kristallkörner, von Czochralski als »dislozierte Reflexion« bezeichnet, die darauf beruht, daß die verschiedenen krystallographischen Richtungen sich verschieden anätzen (bei Kristalliten im regulären System hätte man an verschiedene Lage der Ätzgrübchen gegenüber der natürlich rein zufälligen Schlifffläche zu denken), nicht nur nicht verschwinden, sondern müßte sogar noch deutlicher werden. Moellendorff und Czochralski verstehen es überhaupt nicht, wie man Gleitflächen, die nach ihnen ja nur mathematische Fiktionen sind, irgendwelche Wirkungen zuschreiben kann. Dieser Widerspruch läßt sich vielleicht lösen. Nach Tammann haben, wie man aus den Untersuchungen von Schottky sehen kann, die Gleitflächen sehr wohl eine reale Bedeutung und bewirken nach ihm eine mechanische Unterteilung der Kristallkörner. Die Gleitflächenoberflächen sollen ja in ihrer Wirkung den freien Oberflächen nicht einmal wesentlich nachstehen. So verstanden, bewirken die Gleitflächen nach Tammann eine Kornverkleinerung. Daß Moellendorff und Czochralski auch nach der mechanischen Verlagerung die Korngrenzen noch sehen, ist kein Beweis dagegen, da man ja durch die verschiedensten Beobachtungen zu der Ansicht kommen muß, daß in den Korngrenzen sicherlich ein Material mit abweichenden Eigenschaften vorliegt. Die Beobachtungen allerdings, daß die Kristallkörner nach mechanischer Bearbeitung ihre ursprünglich nach dem Ätzen stark differierende Helligkeit verlieren, ist mit der Tammannschen Ansicht nicht zu vereinen. Die Unstörbarkeit des Raumgitters nach Tammann wird man in der Tat, wie Tammann selbst in neueren hier schon gestreiften Arbeiten zugibt, wohl nicht aufrecht erhalten können.

Die Erscheinungen beim Zink.

Obwohl die Erscheinungen, die sich bei der Beobachtung von Schliffbildern kaltgereckter und rekristallisierter Metalle ergeben, ziemlich bekannt sind, sei hier eine Reihe von Schliffbildern nach eigenen Aufnahmen gegeben. Als Material wurde

Zink gewählt, weil im Gegensatz zu Kupfer solche Bilder in der deutschen Litteratur noch wenig veröffentlicht sind. Eine der hier gegebenen analoge Reihe findet sich in einer mir zuerst leider entgangenen Arbeit von Timofeef[1]).

Beim Zink ist es schwierig, eine gute Ätzung für mikroskopische Beobachtung zu erzielen. Die gewöhnlichen Ätzmittel greifen zu stark und zu gleichmäßig an. Nach vielen Versuchen fand ich in einer Zyankalilösung, die mit etwas Kupfersulfat versetzt war, ein geeignetes Mittel. Die Lösung arbeitet aber nur dann befriedigend, wenn ganz bestimmte Konzentrationen angewendet werden und die beiden Flüssigkeiten kurz vor der Ätzung zusammengegossen werden. Auf diese Weise ist Tafel I, Fig. 7, eine Gußstruktur darstellend, entstanden. Ein jedenfalls viel bequemeres Mittel besteht nach Timofeef in einer sehr verdünnten Lösung von 94 Teilen Salpetersäure mit 6 Teilen Chromsäure. Diese Lösung ätzt gerade die Stellen an, die die Zyankali-Kupfersulfatlösung unangegriffen läßt, wie ein Vergleich der Bilder Tafel II, Fig. 8 und 9 zeigt, welche ein nach starkem Warmrecken sehr stark rekristallisiertes Zink zeigen. Die dort auftretenden offenbar als Zwillingsbildungen aufzufassenden Streifen scheinen aber für nach starkem Recken rekristallisiertes Zink nicht charakteristisch zu sein, vielmehr zeigt Tafel II, Fig. 10 eine Gußstruktur mit ähnlichen Streifungen, die allerdings, wie auch Timofeef annimmt, daher kommen können, daß auch im Gußstück schon schwache mechanische Beanspruchungen aufgetreten sind. Sie zeigen sich besonders deutlich am Rande des Präparats und können wohl bereits der Einspannung in den Schraubstock beim Absägen der Probe ihre Entstehung verdanken. Nach schwachem Kaltstauchen zeigt sich die in Tafel II, Fig. 11, nach stärkerem die in Tafel II, Fig. 12 dargestellte Struktur. Ob hier schon beginnende Rekristallisation zu sehen ist, möchte ich bezweifeln, die auch eine 1 Stunde auf 100° erhitzte Probe (Tafel II, Fig. 13) noch kaum, im Gegensatz zu Timofeef, der allerdings 6 Stunden erhitzte, zeigt. Das angewandte Zink war ein nur technisch reines mit geringem Bleigehalt. Es erscheint auch nach anderen Beobachtungen durchaus wahrscheinlich, daß derartiges nicht absolut reines Zink die Erscheinungen der Rekristallisation in weniger evidenter Weise

---

[1]) Rev. Met. XI (1914), S. 127. Ref. Intern. Zeitschr. f. Metallogr. VIII, S. 97.

zeigt, als ganz reines. Nach Erhitzen auf etwa 300° während einer Stunde zeigt sich eine deutliche Rekristallisation (Tafel II, Fig. 14). Erhitzt man weiter auf etwa 380°, so sind die Kristalle größer geworden (Tafel II, Fig. 15), an anderen Stellen des Schliffes zeigen sich schon große Kristalle wie auf Tafel II, Fig. 16, wo namentlich im rechten Teil die kristallographisch orientierten Bälkchen an Tafel II, Fig. 8, nur in kleinerem Maßstab, erinnern. Noch eine andere Stelle desselben Präparats in etwas anderer Ätzung zeigt Tafel II, Fig. 17, wo man in die großen Kristalle eingelagerte kleine sehr deutlich erkennt. Schließlich zeigt Tafel II, Fig. 18 das Präparat nach längerem Erhitzen bis direkt an den Schmelzpunkt (etwa 410°), wo die Struktur sich von einer Gußstruktur nicht mehr merklich unterscheidet. Endlich zeigt Tafel II, Fig. 19 ein technisches Zink mit etwa 1% Blei, das makroskopisch in auffallend kleinen Kristallen erstarrt ist, die auch wieder die kristallographisch orientierte Streifung sehr deutlich erkennen lassen.

Die Schmelzhypothese.

Jedem, der einmal das merkwürdige Verhalten eines Metalles im Zieheisen gesehen hat, wird unwillkürlich der Gedanke kommen, das Metall erleide bei dieser Beanspruchung eine wirkliche Schmelzung, trete also mindestens partiell geschmolzen durch die Ziehöffnung und erstarre dann wieder. In der Tat sind derartige Hypothesen gemacht worden und werden auch trotz heftiger Gegnerschaft heute noch gemacht. In einer längeren Arbeit stellen Johnston und Adams[1] alle diesbezüglichen Untersuchungen und Arbeiten zusammen in der bestimmten Absicht, eine solche Erscheinung als möglich und wahrscheinlich hinzustellen. Da man bei derartigen mechanischen Beanspruchungen eine Temperatursteigerung bis zum Schmelzpunkt der Metalle nicht wohl annehmen kann, so muß man die Hypothese machen, daß durch die bei der mechanischen Bearbeitung wirkenden Kräfte eine Erniedrigung des Schmelzpunktes eintritt. Als solche Kraft kommt natürlich nur der Druck in Betracht. Nun weiß man aber, daß gleichförmiger Druck in der über-

---

[1] Zeitschr. f. anorg. Chemie 80 (1913), S. 281.

ragenden Mehrzahl der Fälle eine Erhöhung des Schmelzpunktes hervorrufen muß, wenn nämlich, wie bei allen Metallen mit Ausnahme von Wismut und Silizium die Kristallisation unter Volumenverminderung eintritt. Dann ist die Änderung des Schmelzpunktes durch folgende Formel gegeben:

$$\frac{dT}{dP} = \frac{TdV}{Q}$$

wo dV der Unterschied des spez. Volumens von Schmelze und Kristall und Q die Schmelzwärme ist.

Sie wird im allgemeinen nicht sehr beträchtlich sein und eben mit dV ihr Vorzeichen ändern. Nun hat allerdings schon vor längerer Zeit Tammann[1]) die Annahme gemacht, daß die Schmelzkurve sich bei höherem Drucke wenden kann, ja sogar rückläufig sich zu einer geschlossenen Kurve schließt. Ein solcher Verlauf ist aber noch nie experimentell verifiziert worden und man müßte, selbst wenn man dieser Hypothese folgte, ganz ungeheure Drucke annehmen, um starke Depressionen des Schmelzpunktes zu bekommen. Eine solche Annahme wird denn auch nicht gemacht; vielmehr glaubt man, daß es der ungleichförmige Druck ist, der hier im Spiele ist. Man hat die Frage thermodynamisch zu fassen versucht und verschiedene Forscher bis in die neueste Zeit haben derartige Rechnungen durchgeführt, teils durch Anwendung eines Kreisprozesses, teils mittels des thermodynamischen Potentials. Erwähnt seien Poynting[2]), Ostwald[3]), Niggli[4]) u. a. Es kommt schließlich immer, wenigstens im Prinzip, auf einen Kreisprozeß der folgenden Art heraus[5]). Wenn p den Druck auf die Flüssigkeit, $p + \Delta\pi$ den Druck auf den Kristall bedeutet, v'' das spezifische Volumen des Kristalls, q die Schmelzwärme, T den Schmelzpunkt bei gleichförmigem Druck p und $T - \Delta T$ den gesuchten Schmelzpunkt bedeutet, so vollzieht man bei $T - \Delta T$ folgenden Kreisprozeß: man läßt einen gepreßten Kristall durch Wärmezufuhr unter den gesuchten Gleichgewichtsbe-

---

[1]) Kristallisieren und Schmelzen. Leipzig 1903, S. 29 ff.
[2]) Phil. Mag. (5) 12 (1881), S. 32.
[3]) Lehrbuch der allg. Chemie II² (1902), S. 374.
[4]) Zeitschr. f. anorg. Chemie 91 (1915), S. 107. Siehe auch ders., Zeitschr. f. anorg. Chemie 95 (1916), S. 64.
[5]) Hasselblatt. Zeitschr. f. anorg. Chemie 93 (1915) S. 75.

dingungen schmelzen. Vom Stempel wird dabei die mechanische Arbeit $v'' \cdot \varDelta \pi$ geleistet. Dann läßt man die Schmelze sich unter dem Druck p in Kristalle derselben Temperatur $T - \varDelta T$ verwandeln. Hierbei kann man die Affinitätsarbeit $q \times \dfrac{-\varDelta T}{T}$ gewinnen, da die Schmelze um den positiven Betrag $\varDelta T$ unterkühlt ist. Die erhaltenen Kristalle bringt man dann wieder unter den Druck $p + \varDelta \pi$, die Kompressionsarbeit dabei kann vernachlässigt weren. Der Kreisprozeß ist damit geschlossen und wir bekommen

$$v'' \varDelta \pi = \frac{-\varDelta T q}{T}$$

oder als Differentialgleichung

$$\frac{dT}{d\pi} = \frac{-v'' T}{q}.$$

Wie man sieht, muß in diesem Falle immer eine Erniedrigung des Schmelzpunktes eintreten, da v'' als spezifisches Volumen natürlich immer und ebenso auch T und q positive Größen sein müssen. Ferner sieht man, daß die Änderung des Schmelzpunktes mit dem Druck hier bei dem ungleichförmigen Druck erheblich größer sein muß als bei gleichförmigen, da in der Formel ein spezifisches Volumen statt der stets kleinen Differenz der spezifischen Volumina von Schmelze und Kristall auftritt. Rein mathematisch würde man nach diesen Darlegungen recht wohl bei den zur Anwendung kommenden ungleichförmigen Drucken an eine Erniedrigung des Schmelzpunktes bis zur Bearbeitungstemperatur glauben können und es ist nicht zu leugnen, daß diese Annahme etwas Bestechendes hat. Natürlich wird man nur an eine vorübergehende Schmelzung mit gleich nachfolgender Wiedererstarrung zu denken haben. Johnston und Adams weisen auch auf einen merkwürdigen Parallelismus zwischen Schmelzpunkt und Schweißbarkeit, worunter sie die Fähigkeit von Pulvern verstehen, beim Zusammenpressen kompakte Stücke zu liefern, hin. Alle Metalle zeigen derartige Schweißbarkeit, und sie bleibt nur bei den allerschwerst schmelzbaren Oxyden aus. Die Abnahme der Dichte beim beanspruchten Metall erklären sie mit Lehmann durch die Annahme verschiedener Molekulargrößen von Kristall und Flüssigkeit. Wird durch Scherung eine Dissoziation hervorgerufen, die sich durch vergrößerte Aktivität kundgibt, so entstehen diese dissoziierten Moleküle, die eben für eine Flüssigkeit charakteristisch und mit ihr identisch sind und also eine geringere Dichte haben müssen. Daneben wird die Bildung von Gleitflächen durchaus nicht geleugnet; beide Theorien schließen sich nach Johnston und Adams nicht aus, so daß man sie nebeneinander annehmen kann. Gegen diese Theorie ist von Tammann und seiner Schule lebhaft Verwahrung eingelegt worden. Tammann[1]) bestreitet die Berechtigung der Anwendung der Thermodynamik, da es sich hier nicht um umkehrbare Kreisprozesse, auf die allein der zweite Hauptsatz angewendet werden darf, handelt. Außerdem wären bei Poynting, Ostwald und Niggli Fehler in den Betrachtungen vorgekommen. Man muß aber doch erwähnen, daß für die thermodynamische Berechtigung derartiger Rechnungen sich Gelehrte wie Roozeboom, Nernst, Le Chatelier ausgesprochen haben. Nach Hasselblatt[2]) ist eine Rechnung wohl, der Prozeß aber nicht ausführbar. Nach Tammann[1]) ist eine richtige thermodynamische Behandlung der Frage von Riecke in Angriff genommen worden. Sie ergab, daß allerdings eine Erniedrigung des Schmelzpunktes bei ungleichförmigem Druck eintreten muß, daß diese aber nur sehr gering sein könne und jedenfalls innerhalb der Fehlergrenze liegen müßte. Hier wie überall ist Grundlage der Betrachtung, daß der Druck nur auf den Kristall ausgeübt wird, die gebildete Schmelze frei abfließen kann. Wie man sieht, ist die Frage wohl noch nicht endgültig entschieden. Immerhin hat man auch keinen irgendwelchen Beweis für das Auftreten einer Schmelzung und man wird mit Tammann sagen können, daß eine solche Hypothese mindestens entbehrlich ist, wenn man für die Plastizität der Metalle durch die Gleitflächenhypothese eine bessere und ungezwungenere Erklärung hat. Die ganze Schmelzhypothese kann ja eben nur die Plastizität erklären und gibt wenigstens in dieser Form keinerlei Andeutung darüber, daß bei diesen mechanischen Beanspruchungen auch eine starke Änderung der mechanischen Eigenschaften, eine Verfestigung, eintritt.

[1]) Zeitschr. f. anorg. Chemie 92, S. 37.
[2]) Zeitschr. f. anorg. Chemie 93 (1915), S. 75. Siehe dazu auch Niggli Zeitschr. f. anorg. Chemie 95 (1916), S. 64.

Die Annahme amorpher Schichten.

Bis zu einem gewissen Grade verwandt mit dieser Theorie, aber weitergehend und besonders die Verfestigung mit in Betracht ziehend ist eine Hypothese, die namentlich von englischen Forschern eingeführt wurde und als »amorphe Theorie« kurz bezeichnet werden soll. Sie gründet sich hauptsächlich auf Versuche von Beily und wurde weiter entwickelt von Ewing und Rosenhain, welch letzterem wir eine kurze und sehr klare Darstellung dieser Ansichten in der Internationalen Zeitschrift für Metallographie verdanken[1]).

Nach den englischen Forschern können in metallischen Konglomeraten amorphe Schichten an drei verschiedenen Stellen auftreten:

1. Als amorphe Oberflächenschicht in der geschliffenen und polierten Oberfläche eines metallographischen Schliffs.
2. Als amorphe Schicht auf den Gleitflächen.
3. Als amorphe Schicht in den Korngrenzen.

Was zunächst die amorphe Oberflächenschicht anbetrifft, so gibt diese Theorie eine recht plausible Erklärung für eine Erscheinung, die sicherlich jeder Metallograph schon mit Verwunderung beobachtet haben wird. Bei gewissen Metallen bekommt man beim Polieren leicht eine schöne glatte Oberfläche. Will man dann durch Ätzmittel die Struktur entwickeln, so zeigt sich der Schliff über und über von Schleifkratzern durchzogen, die man bereits vollständig herauspoliert zu haben glaubte. Diese Erscheinung erklärt Rosenhain damit, daß durch die mechanische Beanspruchung des Schleifens und Polierens die Oberflächenschicht derart in ihrer Raumgitteranordnung durch und durch zerstört worden ist, daß wir es mit einer wirklich echten amorphen Substanz, also einer unterkühlten Flüssigkeit, zu tun haben, die die Schleifkratzer ausfüllt und bewirkt, daß scharfe Ecken abgerundet erscheinen. Das Ätzmittel greift diese instabile Modifikation offenbar und erklärlicherweise leichter an als die Kristalle, infolgedessen erscheinen nach dem Ätzen die Schleifkratzer, die mit dieser unterkühlten Flüssigkeit vollgeschmiert waren, wieder. Diese Flüssigkeit soll sogar die Fähig-

---

[1]) Intern. Zeitschr. f. Metallogr. 5 (1914), S. 65.

keit haben, das Poliermittel zu lösen. Das wird aus den folgenden Beobachtungen geschlossen. Einerseits eignen sich nur besonders einfach konstituierte Verbindungen, also hauptsächlich Oxyde, als Poliermittel. Schon Bariumsulfat ist, obgleich seine physikalischen Eigenschaften es eigentlich voraussetzen ließen, nicht mehr als Poliermittel zu gebrauchen. Die einfache chemische Konstitution wird hier mit der Leichtigkeit der Lösbarkeit in der Oberflächenschicht in Parallele gesetzt. Andererseits ist erfahrungsgemäß die Farbe der Politur vom Schleifmittel nicht unabhängig, so daß man gewisse Polituren eben nur mit einem bestimmten Poliermittel erzielen kann. Sehr beachtenswert ist folgende Beobachtung. Mit Polierrot polierte Silbergegenstände wurden staubdicht aufbewahrt und zeigten nach einiger Zeit eine große Menge feiner Pünktchen, die sich bei näherer Untersuchung als Eisenoxyd herausstellten. Die Oberflächenschicht war also offenbar rekristallisiert und hatte infolgedessen die gelösten Oxydteilchen wieder ausgestoßen. Wenn man auch den später zu erwähnenden sehr gewichtigen Einwänden gegen die »amorphe Theorie« volle Gerechtigkeit widerfahren lassen muß, so kann man doch sagen, daß in derartigen Oberflächenschichten weitgehende Änderungen der Substanz häufig eingetreten sein werden und man begreift, daß Czochralski dem ganzen Verfahren der Untersuchung geschliffener und polierter Flächen Mißtrauen entgegenbringt.

Mit unserer Theorie der Verfestigung hat dieser erste Punkt der »amorphen Theorie« wenig zu tun. Erst die Annahme amorpher Schichten auf den Gleitflächen führt wieder zum eigentlichen Thema. Wenn schon die mechanische Beanspruchung beim Polieren amorphe Oberflächen schafft, wievielmehr muß dann der weit intensivere Eingriff des Gleitens der Schichten gegeneinander dieselben Wirkungen hervorrufen, und wenn wir mit den englischen Forschern die Bildung amorpher, wenn auch außerordentlich dünner Schichten auf den Gleitflächen annehmen, so wäre damit eine bemerkenswerte Erklärung auch für die Verfestigung gefunden, wenn man annimmt, daß die amorphe Schicht als stark unterkühlte Flüssigkeit nicht nur spröder, sondern auch härter ist. Je mehr Gleitflächen sich bilden, desto mehr von diesen verhärteten Häuten werden vorhanden sein, desto fester wird das Metall werden und desto mehr wird es

Die Annahme amorpher Schichten.

seine Plastizität verlieren, da in den amorphen Schichten sich natürlich keine Gleitflächen ausbilden können. In welcher Menge sich solch amorphe Substanz bilden kann, ist noch eine ganz offene Frage. Der direkte Nachweis des Vorhandenseins von amorphen Metallen ist völlig einwandfrei noch nicht gelungen. Rosenhain führt noch eine große Reihe Tatsachen, die für die »amorphe Theorie« sprechen, an, einige seien hier noch erwähnt. Nach leichtem Kaltrecken verschwinden die Gleitflächen nach einiger Zeit wieder, schneller beim Erwärmen, die amorphe Substanz kristallisiert eben wieder in Berührung mit dem Kristall. Die Entfestigung beim Erhitzen erklärt sich natürlich sehr plausibel ebenfalls durch Kristallisieren dieser Schichten. Auch die Verminderung der Dichte findet eine einfache Deutung. Die amorphe Substanz als Flüssigkeit wird im allgemeinen weniger dicht sein als der Kristall. Die sehr merkwürdige Erscheinung des »Kriechens« läßt sich ebenfalls gut erklären; man versteht darunter die Erscheinung, daß ein leicht gedehnter Stab sich unter ganz geringem Zug immer noch etwas weiter verlängert, allerdings nur ganz kurze Zeit und sogar eventuell wieder sich kontrahiert. Die amorphe Schicht stellt dann gewissermaßen eine elastische Haut dar, es wird ihr die Bezeichnung »mobile Zwischenphase« gegeben. Ihr amorpher Charakter äußert sich darin, daß die Elastizitätsgrenze bis fast auf 0 herabgedrückt wird. Die Kurzlebigkeit ist durch Resorption ohne weiteres erklärlich. Die Tammannsche Erklärung der Verfestigung will Rosenhain höchstens für leichte Verfestigungen gelten lassen, jedenfalls nicht für die so sehr starken, die z. B. beim Drahtziehen auftreten. Die Tammannsche Annahme der Hohlräume zur Erklärung der Dichteabnahme scheint ihm schon aus dem Grunde völlig unhaltbar, weil eben verfestigtes Material keine Schwächung erfahren haben kann, wie es durch die Hohlräume bedingt würde.

Der dritte Punkt der amorphen Theorie nun endlich nimmt an den Grenzen der Kristallkörner auch schon ohne Verfestigung amorphe Schichten an. Der Grund dafür wird darin gefunden, daß eben nicht nur nach Rosenhain, sondern auch nach fast allen anderen Forschern die Korngrenzen sich als Stellen erhöhter Festigkeit erweisen. (Dafür spricht schon die Tatsache, daß feinkörniges Material bessere mechanische Eigenschaften hat als grobkörniges.) Die Entstehung wird ziemlich gezwungen damit erklärt, daß beim Wachsen der Kristalle es Schichten zwischen zwei Kristallisationszentren geben wird, die »nicht wissen«, welchem Raumgitter sie sich anschließen sollen, oder wissenschaftlicher ausgedrückt, in denen sich die Direktionskräfte zweier Kristalle aufheben.

Auch hier ist wieder zweifellos, daß die Substanz am Rande der einzelnen Körner von der im Innern verschieden ist. Das zeigt sich bei vielen Beobachtungen, z. B. reißt ein Metall, wenn man es bei hohen Temperaturen zerreißt, immer ohne Dehnung in den Korngrenzen, überhaupt tritt sehr oft, wenn nicht immer, kurz vor dem Schmelzpunkt eine zweite spröde Periode[1]) auf. Rosenhain gibt ein sehr anschauliches Diagramm, das in Fig. 8 dargestellt ist. Die Abszisse ist die Zugfestigkeit, die Ordinate die Temperatur. Die ausgezogene Linie zeigt die Abhängigkeit von Festigkeit und Temperatur bei Schmelze und Kristall[2]). Man sieht, daß

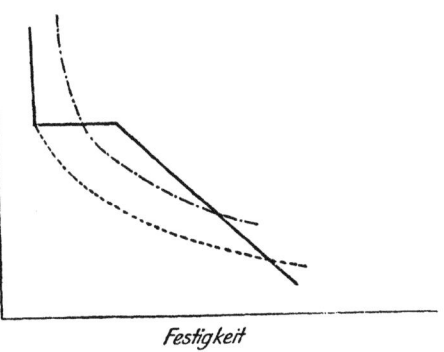

Fig. 8.

beim Schmelzpunkt eine unstetige und starke Zunahme der Festigkeit eintritt, die bei weiter fallender Temperatur nur noch wenig ansteigt, sicherlich ungefähr in der gezeichneten Weise, (die Entfernung vom Schmelzpunkt ist als nicht sehr groß angenommen). Eine derartige unstetige Festigkeitszunahme kann man bei amorpher Substanz nicht annehmen, sie muß hier kontinuierlich erfolgen, wie die punktierte Linie andeutet und wird nach Rosenhain die Zugfestigkeitstemperaturlinie bei einer gewissen Temperatur unterhalb des Schmelzpunktes schneiden. Wird der Zerreißversuch nun unterhalb dieses Punktes ausgeführt, so hätte die amorphe Substanz eine höhere Festigkeit als die Kristalle. Der Bruch wird also bei einem Metall, das aus

---

[1] Bengough, Inst. of metals 1914.
[2] Bei »Festigkeit der Schmelze« ist natürlich etwa nur an »innere Reibung« zu denken.

Kristallen mit amorphen Schichten besteht, durch den Kristall erfolgen. Wird der Zerreißversuch dagegen bei Temperaturen oberhalb des Schnittpunktes ausgeführt, so hat der Kristall höhere Festigkeit, der Bruch wird also den Korngrenzen entlang verlaufen. Bei amorphen Substanzen wird auch die Schnelligkeit der Beanspruchung eine größere Rolle spielen als beim Kristall; der Verlauf der Zugfestigkeitstemperaturkurve bei schnellem Zug ist durch die strichpunktierte Linie angedeutet. Die Annahme, daß die Festigkeit der amorphen Substanz je größer werden kann, als die des Kristalls, ist allerdings etwas kühn und wird nicht unwidersprochen bleiben. Als sehr wichtiger Punkt möchte betrachtet werden, daß, wenn man ein metallisches Konglomerat im Vakuum erhitzt, die Korngrenzen sich als Furchen ausbilden. Amorphe Substanz müßte als instabil dem Kristall gegenüber einen höheren Dampfdruck haben und also eher verdampfen als der Kristall.

Die sich in ihren Eigenschaften unterscheidende Schicht an den Korngrenzen bewirkt wohl auch, daß man, wie Moellendorff und Czochralski[1]) gezeigt haben, die Korngrenzen in einem Schliffbild auch dann noch sieht, wenn durch die Verlagerung jede andere Differenz bereits verwischt wurde und die vielleicht fälschlich von Moellendorff und Czochralski als Beweis dafür angegeben wurde, daß bei der Kaltreckung überhaupt kein Kornzerfall eintritt.

Daß die amorphen Schichten beim Erwärmen sehr schnell wieder kristallisieren werden, ist leicht verständlich. So bietet also die Erscheinung der Entfestigung keine Schwierigkeit für diese Theorie. Auch das Rekristallisieren und Einformen ist, wenn auch nicht ebenso plausibel, mit Hilfe amorpher Zwischenschichten zu erklären. Sie spielen gewissermaßen die Rolle des Lösungsmittels und das Problem wird dem ähnlich, daß verschieden große Kristalle in der Mutterlauge sich so verändern, daß die großen auf Kosten der kleinen wachsen[2]). Bei deformierten Metallen kommt noch etwas hinzu. Die gestreckten

---

[1]) l. c.
[2]) Lehmann meint allerdings, daß diese Erscheinung nur dann eintritt, wenn Temperaturschwankungen auftreten, nicht aber, wenn die Temperatur konstant gehalten wird. Ann. d. Phys. IV. F., 50 (1916), S. 559.

Körner ziehen sich nicht einfach wieder zusammen, sonst müßte die Formänderung auch wieder zurückgehen. »Man muß sich den gestreckten Kristall als eine Sammlung von gleichorientierten Kristallelementen denken, die in amorphe Schichten eingebettet sind. In der Nähe der Kristallgrenzen wird durch die gegenseitige Reibung angrenzender Kristalle die regelmäßige Orientierung gestört sein. Wird die Temperatur erhöht, wird eine schnelle Kristallisation der amorphen Häute eintreten. Wo die Kristalle parallel liegen, würde man erwarten können, daß die Kristalle sich neu anordnen. Aber die Elemente gestörter Orientierung an den alten Kristallgrenzen treten nun ins Spiel. Dort fängt ein Wachstum anfänglich kleiner, anders orientierter, aber gleichachsiger Kristalle an und diese, die durch ihre symmetrische Form begünstigt, weniger amorphes Material brauchen, müssen mit der Zeit anwachsen und die gereckten alten Kristalle vertilgen«. Diese letzte Stelle ist wörtlich dem Aufsatz von Rosenhain über die »amorphe Theorie« in der Internationalen Zeitschrift für Metallographie entnommen. Die Vorstellungen erscheinen nicht sehr klar, jedenfalls sieht man, daß Rosenhain ebenso wie Lehmann[1]) eine Wirkung der Oberflächenkräfte bei der Rekristallisation bezweifelt.

Obwohl diese Theorie in vielen Punkten eine recht befriedigende Erklärung für eine ganze Reihe Tatsachen zu geben vermag und experimentell sicherlich recht reich ausgearbeitet ist, hat sie doch namentlich bei den deutschen Forschern auf diesem Gebiete keine Anerkennung gefunden. Der Haupteinwand, der von Tammann zuerst dagegen erhoben wurde, ist denn auch in der Tat von erheblichem Gewicht. Tammann[2]) macht darauf aufmerksam, daß es jeder thermodynamischen Vorstellung zuwider wäre, anzunehmen, daß aus einem stabilen Zustande im stabilen Gebiet sich ein instabiler Zustand ausbilden könne. Daß gelegentlich auch im stabilen Gebiet ein instabiler Zustand sich halten kann, ist längst bekannt und an vielen Fällen erwiesen, aber dieser instabile Zustand hat sich in einem Gebiet gebildet, wo er stabil war, und hat dann nur

---

[1]) l. c.
[2]) Lehrbuch der Metallographie, Leipzig 1914, S. 55 und an anderen Stellen, z. B. Zeitschr. f. Elektrochemie 14 (1912), S. 584. Z. f. anorg. Chemie 92 (1915), S. 37.

beim Übertritt in ein anderes Gebiet infolge Reaktionshemmungen seinen Zustand nicht entsprechend der neuen Stabilität geändert, daß aber aus einem stabilen Zustande im stabilen Gebiet sich etwas instabiles bilden sollte, widerspricht gänzlich allen unseren Anschauungen vom Naturgeschehen. Dazu sagen nun die Vertreter dieser Lehre, daß während der Verfestigung ein Zustand vorliegt, in dem eben der amorphe Zustand vorübergehend stabil ist. Da man vom Kristall zum amorphen Zustand nach unseren heutigen Kenntnissen nur durch den Schmelzfluß kommen kann, so könnte man nach der vorher dargestellten Theorie annehmen, daß infolge ungleichförmigen Drucks in der Tat an einigen Stellen der Schmelzpunkt erreicht war, aber das Material so schnell in einen so stark unterkühlten Zustand übergegangen ist, daß einer äußerst wirksamen Abschreckung entsprechend, das Metall den amorphen Zustand angenommen hat. Hier wäre also alles das zu wiederholen, was vorher über die Schmelzhypothese gesagt wurde. Es kommt noch hinzu, daß es bisher auf keine Weise, selbst bei scheinbar wirksamster Abschreckung, bei Metallen gelungen ist, Kristallbildung zu verhindern. Man kennt in der Tat bis jetzt mit Sicherheit noch kein amorphes Metall, auch die bisweilen schwammig abgeschiedenen Metalle bei der Elektrolyse sind nicht sicher als amorph erkannt worden und sind es wahrscheinlich auch nicht. Selbst bei kolloidalen Metallen liegen nach neuen Untersuchungen Kristalle vor. Als einzigen und schärfsten Beweis für die Amorphheit eines Materials möchte man ansehen, wenn es aus dem amorphen Zustande unter Auftreten einer Wärmetönung, der Schmelzwärme, in den kristallisierten Zustand übergeht. Diese Erscheinung ist bei organischen Stoffen und anorganischen Verbindungen häufig, bei Metallen nie beobachtet worden. Die partielle Entfestigung, wie sie oft beobachtet wird, kann diese Theorie ebenfalls nicht erklären. Man kann nicht annehmen, daß, wenn ein amorphes Material einmal zu kristallisieren beginnt, diese Kristallisation an einer bestimmten Stelle halt machen sollte. Eine Verfestigung beim Warmrecken, wie wir sie beim Zink kennen, spricht ebenfalls, namentlich bei dem bekannten großen Kristallisationsbestreben des Zinks gegen die Annahme amorpher Schichten, wenn man auch hier sagen muß, daß die anderen Theorien diese Erscheinung ebensowenig voraussehen ließen. Wenn aber Gürtler[1]) als Kompromiß vorschlägt, nicht von amorphen, sondern nur von kryptokristallinen Schichten zu sprechen, so ist damit der Sache nicht gedient; denn kryptokristallinen Schichten kann man ohne Zwang nicht die veränderten Eigenschaften beilegen, die man, wenn es sich um amorphe Schichten handeln würde, immerhin einsehen könnte.

Es wurde schon erwähnt, daß ganz sicherlich in der polierten Oberflächenschicht und in den Korngrenzenschichten ein Stoff veränderter Eigenschaften vorliegen muß. Schon daß man beim Ätzen die Korngrenzen meistens so deutlich hervortreten sieht, beweist das. Man kann wohl nicht annehmen, daß es sich einfach um verunreinigte Schichten handelt, obwohl es ja bekannt ist, daß die Kristalle die Neigung haben, Verunreinigungen auszuscheiden und an der Oberfläche anzusammeln; denn die Erscheinung tritt auch bei Metallen von höchstem Reinheitsgrade — und die modernen Verfahren erlauben eine sehr weitgehende Reinigung — auf. Die Korngrenzenschichten sind auch gar nicht einmal so sehr schmal, wie man sich bei stärkeren Vergrößerungen leicht überzeugen kann. Recht interessant ist hierfür eine Beobachtung von Schwarz[2]), der Kupfer Antimondämpfen aussetzte. Man sieht deutlich, wie von der Oberfläche aus längs den Korngrenzen das Antimon ins Innere hinein diffundiert. Auch hier lag ein sehr reines Kupfer vor.

Die Modifikationshypothese.

Wenn man annehmen will, daß im verfestigten Metall eine andere Modifikation vorliegt, so kommt man über sehr viele Schwierigkeiten leicht hinweg, denn einer anderen Modifikation kann man natürlich jede veränderte Eigenschaft beilegen. Solche Annahmen sind denn auch gemacht worden und hauptsächlich ist hier Cohen[3]) zu nennen, der seit vielen Jahren das Studium allotroper Modifikation an Metallen betreibt und dem manche Erweiterung unserer Kenntnisse auf diesem Gebiet schon zu verdanken ist. Erinnert sei nur an seine

---
[1]) Intern. Zeitschr. f. Metallogr. 5 (1914), S. 213.
[2]) l. c.
[3]) Zeitschr. f. physik. Chemie 71 (1910), S. 301.

klassischen Studien über die Allotropie des Zinns und die Entdeckung des grauen Zinns nebst der exakten Methode der Bestimmung des Umwandlungspunktes. Seit dieser Zeit haben wir ja immer mehr und mehr gesehen, daß das Auftreten allotroper Modifikationen nicht eine Ausnahme, sondern vielmehr die Regel ist. Cohen nimmt denn auch an, daß bei der Bearbeitung die Metalle in eine andere Modifikation übergehen, die instabil ist. Er nennt die Erscheinung die Forcierkrankheit der Metalle. Es ist nicht leicht, sich mit dieser Theorie auseinanderzusetzen, es bedarf auch wohl noch weiteren experimentellen Materials, schwerwiegend ist aber der Einwand Tammanns, daß auch mit der Annahme neuer Modifikationen die Tatsache der partiellen Entfestigung nicht zu vereinigen ist. Auch hier müßte, wenn die Umwandlung in die stabile Modifikation einmal einzutreten begonnen hat, sie bis zu Ende verlaufen, wenn man nicht sogar mit Tammann fordern will, daß auch noch die Formänderung beim Aufhören der wirkenden Kraft wieder rückgängig wird, was ja natürlich erfahrungsgemäß nicht der Fall ist. Auch die Änderung der Leitfähigkeit müßte in diesem Fall, wie schon oben dargelegt, nur eine vorübergehende, keine bleibende sein. Als Beweis dafür, daß in den forcierten Metallen eine bisher unbekannte instabile Modifikation vorliegt, betrachtet Cohen den Versuch, durch den es ihm scheinbar gelungen ist, ein forciertes Metallstück durch Kontakt mit einem unforcierten zur Umwandlung zu bringen. Die Versuche waren an Zinnfolie vorgenommen worden. Es wurde aber schon erwähnt, daß derartige Metalloberflächen gegen mechanische Einwirkungen sehr empfindlich sein können, so daß sich diese gewiß interessante und auffallende Erscheinung wohl ungezwungen auch anders deuten ließe. Es soll damit natürlich keineswegs geleugnet werden, daß noch viele uns bisher unbekannte Modifikationen bei Metallen aufgefunden werden können. Die neueren Versuche Cohens[1]) machen das in vielen Fällen, z. B. auch bei Zink sogar recht wahrscheinlich. Für die Theorie der Verfestigung dürfte aber doch die Modifikationshypothese in der Cohenschen oder der Smitsschen[2]) Auffassung nicht von allzugroßer Bedeutung sein.

---

[1]) Zeitschr. f. phys. Chemie 87 (1914), S. 419, 426 431.
[2]) Zeitschr. f. phys. Chemie 76 (1911), S. 421.

Die Modifikationshypothese.

Der Annahme einer anderen Modifikation zur Erklärung der Verfestigung schließt sich auch Lehmann[1]) an. Er unterscheidet scharf zwischen Plastizität und Verfestigung. Hinsichtlich der Plastizität ist er mit Moellendorff und Czochralski ziemlich einig. Sie nehmen, wie ja schon mehrfach erwähnt, eine Raumgitterstörung im Sinne der erzwungenen Homöotropie an. Czochralski spricht es direkt aus, daß nicht die Fähigkeit, Gleitflächen zu bilden, darüber entscheidet, ob ein Metall plastisch ist, sondern Art und Größe seiner molekularen Verlagerungssphäre. Während er aber weiter annimmt, daß durch Verringern oder gänzliches Aufhören der molekularen Verschiebbarkeit eine Verfestigung der bildsamen Kristalle erzielt wird, ist Lehmann[2]) der Meinung, daß hierdurch nicht nur keine Verfestigung, sondern sogar eine Schwächung eintreten müßte. Die Verfestigung entsteht dann durch Auftreten einer neuen Modifikation. Mit solchen Modifikationshypothesen sind Beobachtungen von Bauschinger an Eisen[3]) und Ludwik[4]) an Kupfer nicht zu vereinigen. Diese Forscher beobachteten, daß, wenn sie durch eine Beanspruchung — Druck oder Zug — das Material über die Elastizitätsgrenze beansprucht haben, für die entgegengesetzte Beanspruchung die Elastizitätsgrenze stark herabgedrückt wird. Würde durch die Beanspruchung eine andere Modifikation entstehen, so wäre es nicht einzusehen, warum diese neue Modifikation mit erhöhter Festigkeit sich nicht gegen Druck und Zug gleichmäßig verhielte. Sollte es sich hier nur um eine vorübergehende Erscheinung handeln, könnte man an die »mobile Zwischenphase« Rosenhains˙ denken. Diese interessante und seltsame Erscheinung läßt sich ohne besonderen Zwang deuten durch die weiter unten noch erwähnten Anschauungen Heyns.

---

[1]) Intern. Zeitschr. f. Metallogr. 6 (1914), S. 216. Annal. der Phys., IV. Folge, 50 (1916), S. 555.
[2]) Annal. d. Phys., IV. Folge, 50 (1916), S. 555.
[3]) Mitteilungen aus dem mech. techn. Laborat. der Kgl. Techn. Hochschule München 1886. 3. Heft, S. 33.
[4]) Zeitschr. des Ver. deutsch. Ing. 1913, S. 209.

Andere Hypothesen.

Die Ansicht Quinckes[1]) über das vorliegende Problem sei noch ganz kurz angefügt. Damit sind unseres Wissens die wichtigsten Anschauungen, die augenblicklich vertreten werden, soweit es sich um stoffliche Gründe für die Verfestigung handelt, zusammengefaßt. Quincke nimmt an, daß die Verfestigung durch Bildung vieler unsichtbarer Schaumwände erzeugt wird. Bei mechanischer Bearbeitung gleiten Wände und Inhalt der Schaumkammern übereinander fort. In den schnell erwärmten und schnell gekühlten Gleitflächen entstehen neue Fremdschichten aus allotropen Modifikationen der Metalle und neue Schaumkammern.

Von all diesen stofflichen Hypothesen weicht die energetische Betrachtung Heyns wesentlich ab. Es ist nicht leicht, aus Heyns ausführlichem und hervorragendem Werk über Metallographie im weitesten Sinne seine Ansicht herauszulesen, er hat aber in einer Diskussion mit Rosenhain[2]) seine Meinung ungefähr folgendermaßen formuliert: Er schreibt die Härte kaltgereckten Materials einer Erhöhung der inneren Energie durch Vermehrung der inneren Flächenspannung zu. Reckspannungen treten zwischen gröberen Massenteilchen eines kaltgereckten Metalls als Eigenspannungen auf, aber auch zwischen kleinen Massenteilchen sind solche Eigenspannungen »Elementarspannungen« vorhanden. Durch Kaltrecken tritt Vermehrung der Oberflächenenergie ein, daneben sind kristalline und banale Schiebungen und Gleitungen offenbar wirksam. Neuerdings hat Heyn seine Ansichten eingehend in einem Vortrag erörtert[3]). Er kommt zu dem Ergebnis, daß die Fließgrenze in Wirklichkeit nicht gehoben wird und daß die beobachteten Erscheinungen sich durch verborgenelastische Spannungen erklären lassen. Die Arbeit lag mir zu spät vor, als daß ich genauer darauf eingehen konnte. Sehr interessant und plausibel ist seine Erklärung über die Verminderung der Dichte nach starkem Kaltrecken. Seine Gedankengänge sind da die folgenden: Bei Metallen sind rein plastische Formänderungen nicht möglich, stets sind sie von elastischen

---

[1]) Intern. Zeitschr. f. Metallogr. III (1913), S. 23.
[2]) Intern. Zeitschr. f. Metallogr. IV (1913), S. 167.
[3]) Metall und Erz XV (N. F. 6) (1918) S. 411, 436.

begleitet. Nun kann bei Reckspannungen nach Aufhören der äußeren Kraft infolge der Reibungswiderstände ein Teil der elastischen Kräfte im Metall verbleiben, ein Teil des Metalls dadurch elastisch gedehnt bleiben und infolgedessen naturgemäß eine geringere Dichte haben. Der Zustand ist offenbar dann metastabil, wodurch die Wirkung der Erwärmung sich ebenfalls ungezwungen erklärt.

Verfestigung durch Warmrecken.

Alle bisher angeführten Anschauungen gehen davon aus, daß die Verfestigung durch Kaltrecken bewirkt wird, eine nachträgliche Erwärmung sie aber wieder aufhebt resp. daß ein Warmrecken zu keiner Verfestigung führen kann. Nun ist aber bereits mehrfach erwähnt worden, daß es auch Fälle gibt und dazu gehört das gerade heute viel benutzte und viel verarbeitete Zink, wo wegen der Sprödigkeit des Materials bei niedrigen Temperaturen die üblichen mechanischen Bearbeitungsarten durch Pressen, Walzen, Ziehen usw. nur in erwärmtem Zustand ausgeführt werden können und trotzdem eine äußerst starke Verfestigung, in diesem Falle sogar bei sehr erheblicher Dehnung, die im Gußzustande vollständig fehlt, erreicht wird. Es muß also offenbar noch eine andere Möglichkeit für die Verfestigung, als die bisher diskutierte, vorliegen. Nach v. Moellendorff und Czochralski[1]) besteht sie in diesen Fällen nur in der Kornverfeinerung, die ja beim Warmrecken fraglos auftritt und die beim Zink sich schon bei der Betrachtung der Bruchfläche sehr auffällig zeigt. Die Kornverfeinerung führt deshalb zur Verfestigung, weil ja eben die Korngrenzen Stellen erhöhter Festigkeit sind, die also bei der mechanischen Bearbeitung stark vermehrt werden. Die Bearbeitung führt hier zur »Ultraquasiisotropie«. Im Gegensatz zur Verfestigung durch Deformation, die u. a. die Dehnungszahlen stark herabsetzt, kann durch die Steigerung der Körnigkeit neben hoher Festigkeit auch hohe Dehnung erreicht werden. In dem oft zitierten Aufsatz der genannten Forscher in der Zeitschrift des Vereins deutscher

---

[1]) l. c., außerdem Cz., Stahl und Eisen 36 (1916), S. 863. Metall und Erz XIII, N. F. IV (1916), S. 381. Siehe auch ders., Intern. Zeitschr. f. Metallogr. VIII (1916), S. 22.

Ingenieure ist ein Schema (nach Versuchen an Messing) (Fig. 9) gegeben, das die Beziehungen zwischen beiden Verfestigungsarten illustrieren soll. Die Kurve a, x bis y stellt das Material in verschiedenem Körnungszustand dar, bei x grob-, bei y feinkörnig-quasiisotrop, d. h. die Körnung ist so fein, daß die kristallographisch verschieden gerichteten kleinen Kristallkörner nach außen hin sich vollständig kompensieren, wodurch das Material gegen äußere Einwirkung sich wenigstens in elastischer Hinsicht wie ein isotroper Körper verhält. Wird nun durch Kaltrecken eine Verfestigung bewirkt, bewegt sich das Material ungefähr auf der Kurve c, die erzwungene Homöotropie, also die Gleichlagerung der Kristallelemente in die Richtung kleinsten mechanischen Widerstands setzt ein und ist bei z, wo die Plastizität erschöpft ist, beendet. Dort hat man also neben höchster Festigkeit geringste Dehnung. Ein Erhitzen des Arbeitsstückes auf Temperaturen, bei denen die Verfestigung zurückgeht, führt unter Kornzerfall, abnehmender Festigkeit und steigender Dehnung längs der Kurve b zum Punkte y, zur Quasiisotropie. Eine weitere Erhitzung bewirkt jetzt wieder Kornvergrößerung, wobei mit weiter fallender Festigkeit auch die Dehnung sinkt. Hat man nicht bis zur Erschöpfung der Plastizität kalt gereckt, etwa nur bis e, so durchläuft beim »Glühen« das Material erst die Kurve d, die in b einmündet. Nach diesem Schema würde man im Punkte y höchste Dehnung bei höchster durch Warmrecken überhaupt zu erreichender Festigkeit, die aber die beim Kaltrecken zu erzielende keineswegs erreicht, haben. Beim Warmrecken würde man also bei geeigneter Wahl der Temperatur zu Punkt y kommen können. Die spätere ebenfalls be-

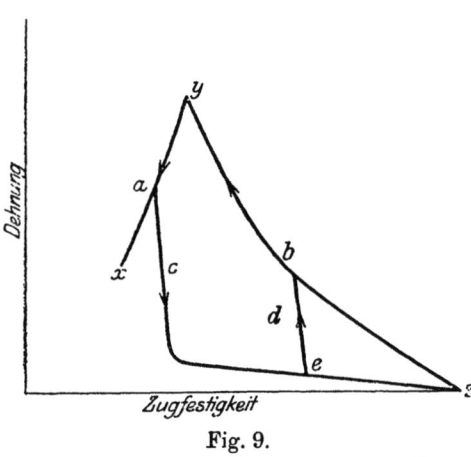

Fig. 9.

reits angeführte Arbeit Czochralskis[1]) behauptet nun, bei bis zur »Ultraquasiisotropie«, d. h. bis zur Zerteilung in fast molekulare Dimensionen (?) führendem Warmrecken auf hohe Verfestigungen bei hohen Dehnungszahlen, z. B. bei Zink und Zinn, kommen zu können.

Schluß.

Zusammenfassend dürfte sich aus dem Mitgeteilten etwa folgendes Bild ergeben.

Wenn man, wie S. 13—14 dargelegt, annimmt, daß eine Erhöhung der Festigkeit, darunter verstanden die Kraft, die die Moleküle des Materials zusammenhält, durch Kaltrecken nicht eintritt, sondern daß diese Beanspruchung nur ein Heraufsetzen der Elastizitätsgrenze bewirkt, so werden schon aus diesem Grunde zunächst einmal alle die Hypothesen abzulehnen sein, die im verfestigten Metall andere Modifikationen annehmen. Ob hierhin auch die amorphen Schichten gehören, möchte nicht bestimmt entschieden werden, erscheint aber wahrscheinlich. Gegen diese Hypothese sind ja auch andere schwere Bedenken erhoben worden.

Die Translationshypothese Tammanns und die Verlagerungshypothese Czochralskis entsprechen dieser Forderung. Sie unterscheiden sich, wie nochmals betont sei, hauptsächlich dadurch, daß nach Tammann keine oder jedenfalls keine wesentliche Raumgitterstörung anzunehmen ist. Die Entscheidung hierüber kann vielleicht durch Beobachtungen mit Röntgenlicht erbracht werden.

Bei Tammann befriedigt besonders, daß seine Anschauungen in der Tat eine Verfestigung im Sinne der Erhöhung der Elastizitätsgrenze ohne weiteres ergeben, wie an der betreffenden Stelle auseinandergesetzt ist, während bei der Auffassung von Moellendorff und Czochralski es einfach als empirische Tatsache angenommen werden muß, daß die als Verlagerung bezeichnete Raumgitterstörung mit einer Erhöhung der Elastizitätsgrenze verbunden ist. Es könnte ebensogut auch anders sein und ein Kaltrecken könnte nach diesen Forschern auch

---

[1]) Stahl und Eisen 36 (1916), S. 863.

einmal mit einer Schwächung des Materials verbunden sein. Das ist bisher nicht einwandfrei nachgewiesen worden, wenn auch einige noch nicht ganz aufgeklärte und deshalb hier nicht angeführte Beobachtungen eventuell in diesem Sinne gedeutet werden könnten. Weiteres experimentelles Material hierüber wäre außerordentlich erwünscht. Andererseits wird man den von Czochralski für seine Anschauung der Raumgitterstörung erbrachten Beobachtungen allerdings eine starke Beweiskraft nicht absprechen können. So kann man also sagen, daß das Problem noch weitere Klärung verlangt.

Auch eine Anzahl Tatsachen, deren experimentelle Verifikation möglich sein sollte, ist noch nicht mit Sicherheit festgelegt. So ist zum Beispiel die Frage noch nicht vollständig geklärt, ob beim Kaltrecken allein eine Zwillingsbildung auftreten kann. Auch ob durch Kaltrecken der Elastizitätsmodul verändert wird oder nicht, ist noch nicht einwandfrei entschieden[1]).

Weitere Arbeit an diesem wissenschaftlich wie technisch wichtigen Problem erscheint aussichtsreich und geboten.

---

[1]) Siehe H. v. Jüptner: Beziehungen zwischen den mechanischen Eigenschaften, der chemischen Zusammensetzung, dem Gefüge und der Vorbehandlung von Eisen und Stahl. Leipzig 1919, S. 60, 66, 137.

Fraenkel, Verfestigung der Metalle.

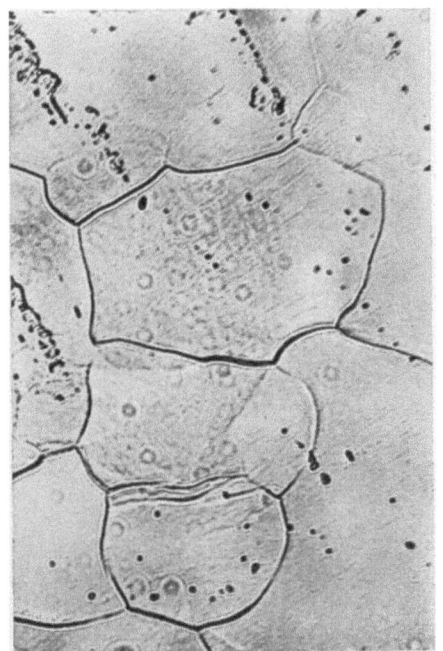

Fig. 1.

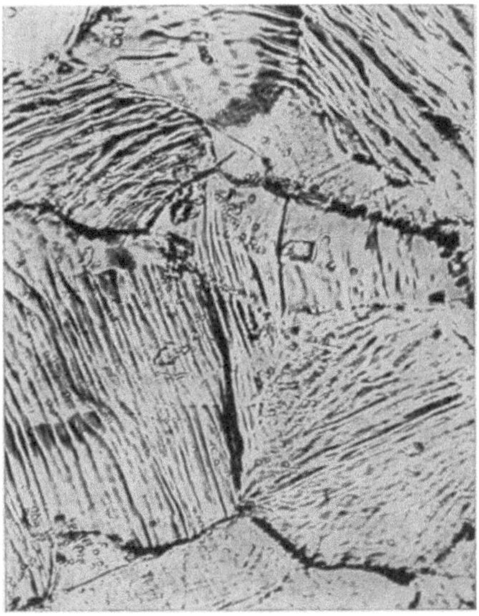

Fig. 2.

Fig 3.

Fig. 4.

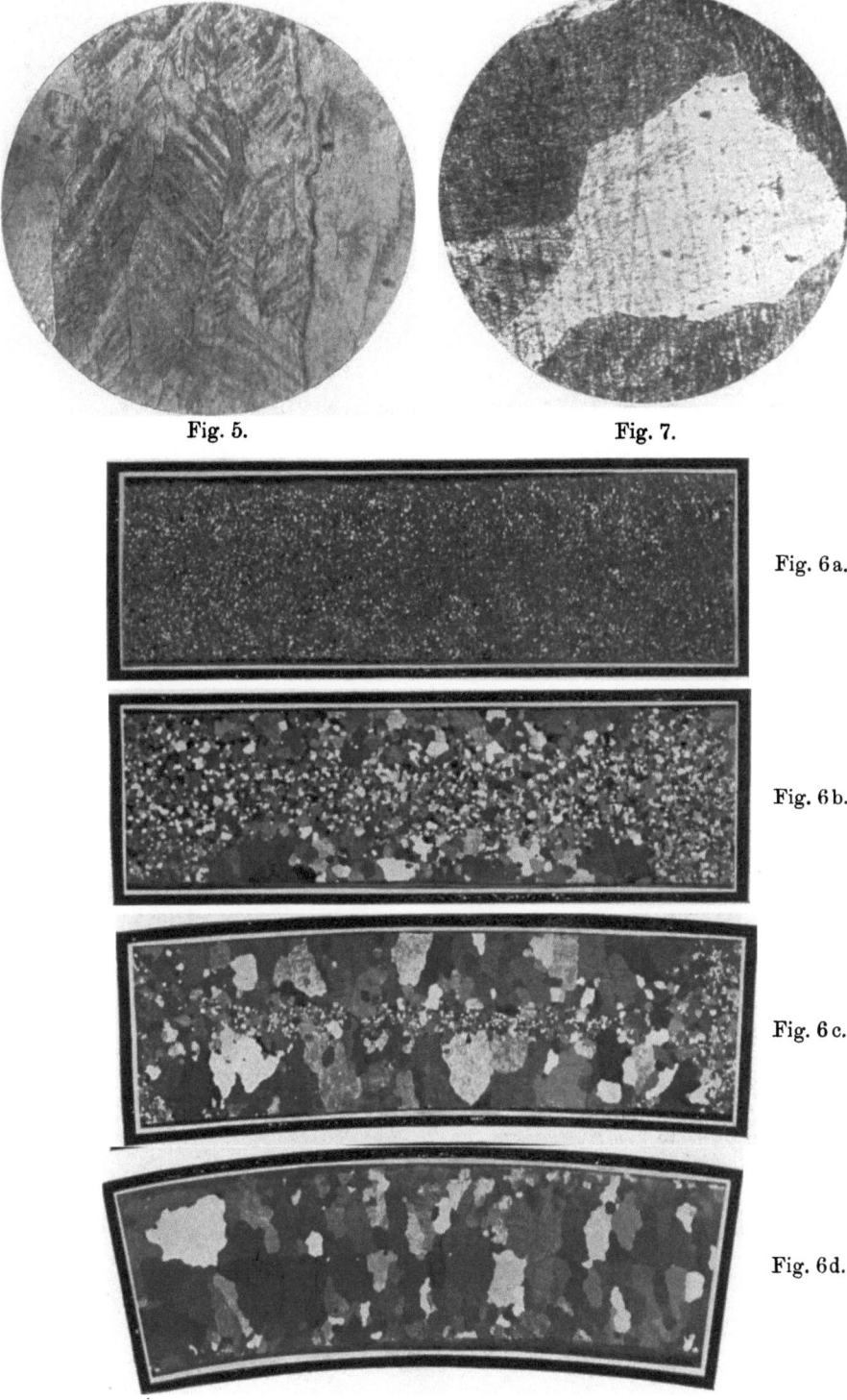

Fig. 5. Fig. 7.

Fig. 6a.

Fig. 6b.

Fig. 6c.

Fig. 6d.

Verlag von Julius Springer in Berlin.

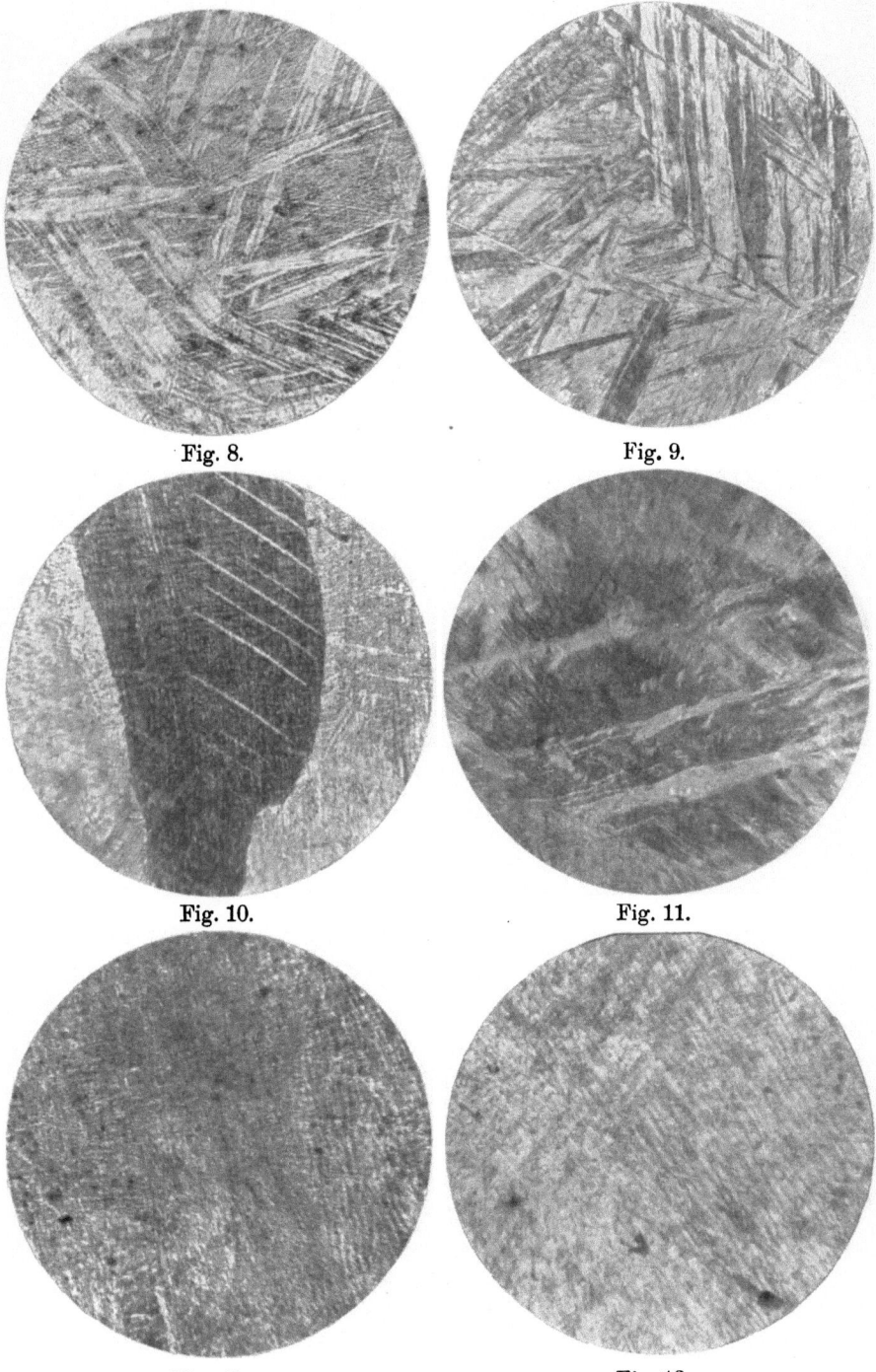

Fig. 8. Fig. 9.

Fig. 10. Fig. 11.

Fig. 12. Fig. 13.

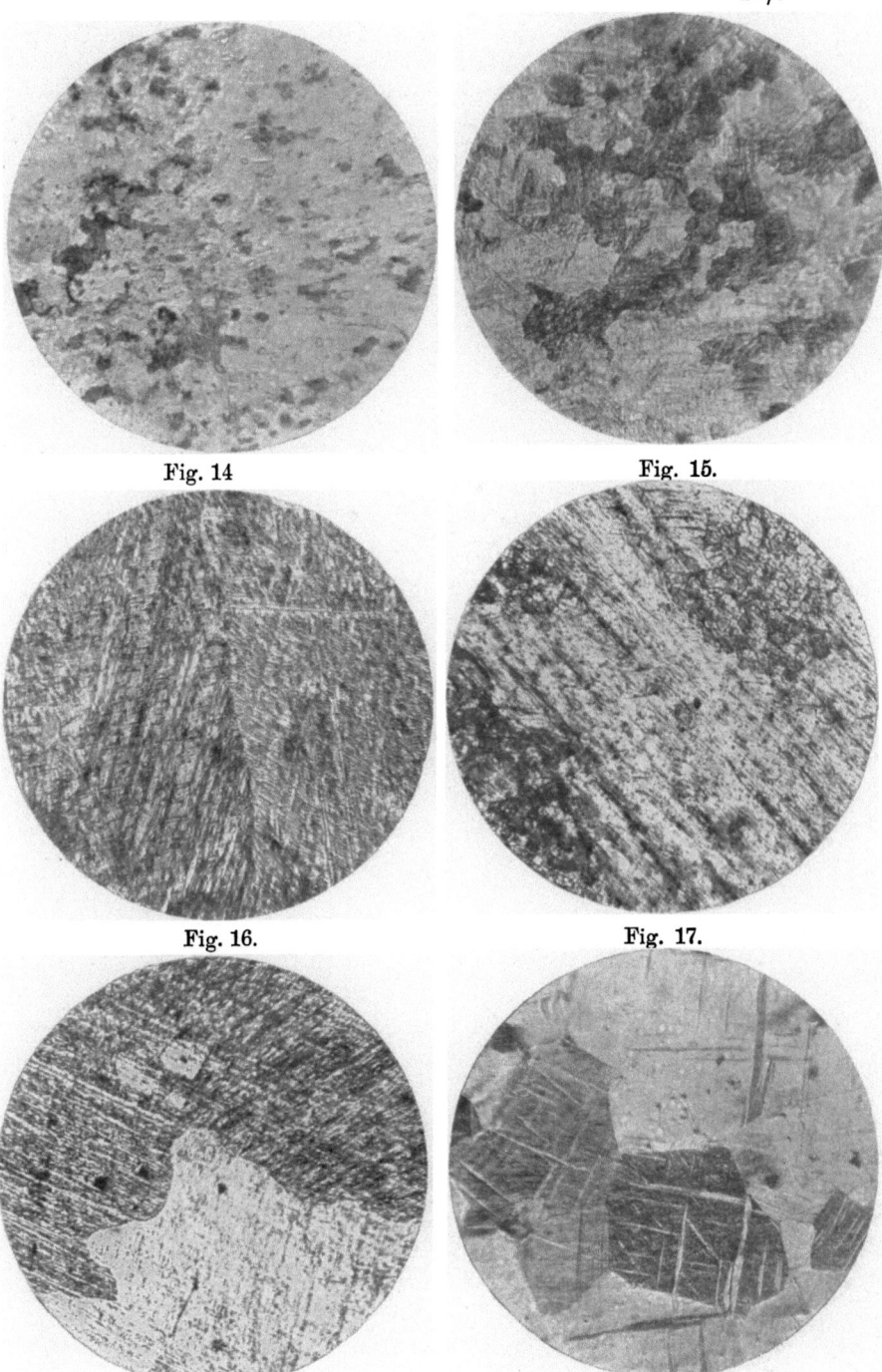

Tafel II.

Fig. 14.

Fig. 15.

Fig. 16.

Fig. 17.

Fig. 18.

Fig. 19.

Verlag von Julius Springer in Berlin.

MIX
Papier aus verantwortungsvollen Quellen
Paper from responsible sources
FSC® C105338

If you have any concerns about our products,
you can contact us on
ProductSafety@springernature.com

In case Publisher is established outside the EU,
the EU authorized representative is:
**Springer Nature Customer Service Center GmbH
Europaplatz 3, 69115 Heidelberg, Germany**

Printed by Libri Plureos GmbH
in Hamburg, Germany